U0323633

刘佳 著

向日葵核盘菌生物学特性和遗传多样性及品种抗病机制研究

黑龙江大学出版社

HEILONGJIANG UNIVERSITY PRESS

哈尔滨

图书在版编目（CIP）数据

向日葵核盘菌生物学特性和遗传多样性及品种抗病机
制研究 / 刘佳著 . -- 哈尔滨 ： 黑龙江大学出版社，
2019.6
　　ISBN 978-7-5686-0381-2

　　Ⅰ．①向… Ⅱ．①刘… Ⅲ．①向日葵—病虫害防治
Ⅳ．① S435.655

　　中国版本图书馆 CIP 数据核字 (2019) 第 179123 号

向日葵核盘菌生物学特性和遗传多样性及品种抗病机制研究
XIANGRIKUI HEPANJUN SHENGWUXUE TEXING HE YICHUAN DUOYANGXING JI PINZHONG KANGBING
JIZHI YANJIU

刘　佳　著

责任编辑　　李　卉
出版发行　　黑龙江大学出版社
地　　址　　哈尔滨市南岗区学府三道街 36 号
印　　刷　　哈尔滨市石桥印务有限公司
开　　本　　720 毫米 ×1000 毫米　1/16
印　　张　　11.75
字　　数　　180 千
版　　次　　2019 年 6 月第 1 版
印　　次　　2019 年 6 月第 1 次印刷
书　　号　　ISBN 978-7-5686-0381-2
定　　价　　37.00 元

前　言

向日葵是我国重要的油料作物和经济作物,年种植面积 1.5×10^6 hm^2 以上,主要分布在内蒙古、新疆、甘肃、吉林及黑龙江地区。由核盘菌侵染导致的向日葵菌核病是向日葵生产上危害最重的病害,造成产量损失和品质下降。近年来,随着向日葵种植面积不断加大,菌核病的发生日趋增多。笔者团队自 2008 年开始已连续 10 年对黑龙江、吉林两省及内蒙古部分地区向日葵主产区菌核病发生情况进行实地调查。结果显示,菌核病的年平均发病率为 25% ~40%,有些地块发病率达到 90% 以上。菌核病在该地区常年流行爆发,生产上又缺乏有效的防控技术,造成向日葵大幅度减产甚至绝收,导致农户种植积极性严重受挫;一些地区该病导致向日葵播种面积锐减。向日葵菌核病已成为制约向日葵产业发展的主要因素之一。

为解决当前生产中的实际问题,本书从向日葵菌核病病原菌——核盘菌的生物学特性、遗传多样性、致病性分化以及向日葵对菌核病抗性机制 4 个方面进行了系统介绍。生物学特性方面:菌核的萌发最适温度为 20 ℃,萌发的最适土壤相对湿度为 50%,核盘菌子囊孢子萌发的最适温度为 25 ℃,最适 pH 值为 7~8,子囊孢子侵染最适温度为 20~25 ℃,相对湿度为 100%。遗传多样性方面:我国东北地区向日葵核盘菌存在遗传多样性,来源相同的菌株具有更大的遗传相似性。致病性分化方面:菌株的致病力与草酸分泌量呈显著正相关,与总酸量呈显著负相关,与菌株生长速率无关。抗性机制方面:鉴定出 7 个对盘腐型菌核病表现抗病的向日葵品种。用病原菌粗毒素液体浸根培养处理后,向日葵叶片内上述酶和生化物质含量均显著提高,除多聚半乳糖醛酸酶、果胶酯酶、丙二醛外,抗病品种与感病品种相比含量升高得更快,幅度更大。多聚半乳糖醛酸酶、果胶酯酶、丙二醛3种物质在感病品种上增加明显。不同抗性向日葵品种感染菌核病后,抗病品种叶片中PAL、POD、CAT、SOD、SA、ABA、可溶性糖、可溶性蛋白和绿原酸等物质的增幅均大于感病品种,以上物质可作为向日葵菌核病抗病品种选育的辅助指标;抗病品种与感病品种PPO活性均呈下降趋势,抗病品种叶片细胞膜损伤程度略低于感病品种,但差异均不显著;感病品种叶片中MDA含量显著高于抗病品种,表明MDA含量与向日葵对菌核病的抗性呈负相关。本书对向日葵菌核病的发病规律、遗传多样性、致病性分化、抗病性鉴定、病菌毒素的致病作用和寄主抗病机制进行了多方面较为系统的阐述,旨在为向日葵菌核病的流行学、抗病育种和综合防治等奠定理论基础。

本书在出版的过程中,得到了黑龙江大学出版社的大力支持和帮助,同时本书的出版承蒙"国家特色油料产业技术体系细菌病害防控"项目的资助。在此,谨向他们致以诚挚的谢意。

限于本人的学识和水平,书中有不当或疏漏之处还请各位专家和同行多多见谅,欢迎各位专家和同行多多提出宝贵意见,以待日后改进和提高。

刘佳

2019 年 6 月

目　　录

第一章

绪 论

1.1 向日葵菌核病的概述

向日葵是我国重要的油料作物和经济作物,年种植面积 1.5×10^6 hm² 以上。黑龙江省是我国向日葵的主要产区之一,播种面积仅低于内蒙古和新疆地区,位列全国第三。由核盘菌[*Sclerotinia sclerotiorum (Lib.) de Bary*]侵染的向日葵菌核病是黑龙江省向日葵生产上危害最严重的病害,对产量和品质造成很大影响。近年来,随着我省向日葵播种面积不断增加,重迎茬以及与核盘菌其他寄主(大豆)套种使菌核病的发生日趋增多。

目前对此病害的防治尚没有行之有效的办法,国内外学者在药剂防治和抗病育种方面虽取得一定进展,但收效不大。选育并合理利用抗病品种是控制向日葵菌核病经济、安全、有效的方法。但目前生产上尚缺乏免疫和高抗品种,此外有关向日葵抗菌核病的机理以及向日葵菌核病遗传变异特性尚缺乏系统研究。因此,本书从向日葵菌核病发病规律、向日葵核盘菌遗传多样性、向日葵菌核病抗病性鉴定及致病力分化、向日葵菌核病毒素致病机理研究,以及向日葵对菌核病抗性机制 5 个方面展开系统阐述,旨在为向日葵抗菌核病抗病育种和综合防治向日葵菌核病提供可靠的理论依据,对促进我国向日的葵产业化发展具有重要的理论和实际意义。

1.1.1 向日葵菌核病的发生及危害

由核盘菌引起的向日葵菌核病是向日葵生产上的主要病害之一,各国均有发生,主要分布于亚洲、欧洲及南北美洲,其中中国、法国、塞尔维亚、巴西、阿根廷、美国等向日葵菌核病害较为严重。1963 年法国向日葵盘腐造成向日葵大面积绝产,经济损失严重,致使法国的向日葵生产出现长达 15 年的停滞状态。美国向日葵种植区每年由菌核病引起的损失占向日葵病害损失的 5%~8%,1999 年产量损失达 10 亿美元。阿根廷布宜诺斯艾利斯向日葵菌核病以盘腐为主,一旦气候条件有利,产量损失相当严重。国内,向日葵菌核病发生较为严重的地区有黑龙江、吉林、内蒙古、辽宁、山西、甘肃、江西和新疆等。据记载,1984～1985年间内蒙古呼伦贝尔向日葵菌核病花盘发病率高达98%,1984年有近1.7×10⁴ hm²向日葵绝产。1987年黑龙江省1.26×10⁴ hm²向日葵的菌核病平均发病率为48.8%,其中拜泉、依安、甘南3个县的平均发病率达59.7%,减产葵花籽6.91×10⁶ kg,重病田绝收。1995年新疆博乐市向日葵菌核病发病面积达133.3 hm²,一般发病率达7.8%,最高发病率可达38%,平均损失率为6.5%。1999年新疆特克斯县向日葵菌核病发病面积为2000 hm²,田间发病率达40%。2009～2014年连续6年,笔者团队对黑龙江省、吉林省中北部地区及内蒙古北部地区向日葵产区菌核病进行了实地调查,菌核病的年平均发病率为25%～40%,有些地块发病率达到80%以上。

1.1.2 向日葵菌核病的症状

向日葵菌核病一般分为根腐型、茎腐型和盘腐型等。根腐型症状从苗期到成熟期均可发生,一般多在始花期到盛花期之间发病,病斑褐色,呈半椭圆形,湿度大时在病斑边缘产生白色菌丝,后形成菌核。病斑多纵向扩展,茎秆表皮露出纤维,茎内部产生菌丝和菌核,遇风易折断倒伏。茎腐型的症状为茎与叶柄初生褐色斑点,后扩大并变为白色,组织湿腐,上面长出白色菌丝,病斑绕茎后幼苗死亡,病部形成黑色菌核。盘腐型症状为花盘背面出现水渍状淡褐色圆形病斑,逐渐扩大后导致局部或全部花盘组织变软、腐烂,潮湿时病部产生白色菌丝,最后形成黑色菌核。图1-1为向日葵菌核病的不同症状。

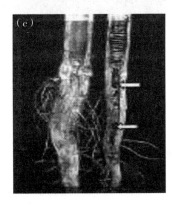

图1-1　向日葵菌核病的不同症状

(a)～(c)根腐型;(d)茎腐型;(e)盘腐型

1.1.3　向日葵菌核病的侵染循环

1.1.3.1　根腐型病原菌侵染循环

菌核多在病残体、土壤中或混在种子内越冬。土壤中的菌核大多分布在1～10 cm的土层中,条件适宜时菌核开始萌发,萌发的菌丝可直接从伤口侵入向日葵的根茎部位而发病。研究报道,接种密度为0.1个菌核每平方米可能会导致一个敏感品种13%的发病率。然而,接种密度为1.0个菌核每平方米会导致植株65%的发病率。因此,土壤中菌核数量越多或带菌量越大,病害越重,故向日葵连作年限越久发病越重。经研究发现,菌核在土壤中可以存活长达7年。

1.1.3.2 茎腐型和盘腐型病原菌侵染循环

在适宜条件下,菌核发育成子囊盘并释放出子囊孢子,经空气或风力传播,在非生物体上形成网状结构的菌丝体,然后入侵健康的植物体。如果条件不适合发育,子囊孢子在短时间内保持活性状态,一旦条件成熟,将再次侵染活体植株。

1.1.4 向日葵菌核病的发病规律

1.1.4.1 播期与发病的关系

若是在向日葵生长季尤其是盛花末期遇到连续多雨天气,则可能造成向日葵菌核病的大发生。可将播种期适当提前或推后,使向日葵的花期尽量避开阴雨天气,同时错开子囊盘萌发的高峰期,从而有效预防菌核病的发生和传播。国外学者从不同角度对最佳播期进行了研究,并证明了早播结合轮作等措施可有效控制菌核病。黄绪堂等人报道,在黑龙江省的气候条件下,苗期一般不发生菌核病,播期对向日葵开花后菌核病的影响主要表现为晚播具有一定的避病作用。宋超等人对新疆地区向日葵菌核病与播期的关系进行研究,也得到相同的结论:早播会严重感染菌核病,播期越晚发病率和病情指数越低。

1.1.4.2 气象条件与发病的关系

李柏年等人对内蒙古扎赉特旗地区向日葵菌核病与气象因子进行相关性分析。在病菌萌发至侵染发病期间,平均气温在19.4~20.9 ℃之间,降雨日在11~22天之间,对盘腐型菌核病的发生影响不大。降雨量、相对湿度、日照时数与发病率的关系都在显著水平以上。但经净相关分析,只有降雨量呈极显著正相关,其余因素均不显著。宋超等人对新疆地区向日葵菌核发病规律的研究表明:菌核病的发生与灌水和气象因子存在密切关系,灌水后会产生明显的发病高峰,苗期发病早晚与温度有密切关系。纪武鹏等人对佳木斯地区向日葵菌核病发病规律的研究表明:土壤湿度越高,菌核病发病越重;土壤湿度为38.6%时,病情指数为16.9。

1.1.4.3 耕作栽培与发病的关系

因为在土壤中累存较多的菌核,连作重茬或迎茬发病较重,种向日葵必须轮作侧茬,前茬以禾本科作物为好。深耕深翻可降低菌核病的发生率。据王富荣等人研究,畜耕12 cm,出土子囊盘为8.6个每平方米,发病率为30%;机耕21 cm,出土子囊盘可减少34.4%,发病率降低33.3%。适当增加株距或与矮秆作物(如菜豆、大豆等)间作种植,能增强通透性,降低发病率。

1.1.4.4 施肥与发病的关系

据报道,适当减少氮肥的施用量,同时增施农家肥,增加钾肥、磷肥的施用量,可增强向日葵的抗菌核病能力。黄绪堂等人报道,优质农家肥应施4.5~7.5 kg/hm^2,肥磷酸二铵应施150~300 kg/hm^2,缺钾的地块应施30 kg/hm^{2}硫酸钾或氯化钾,根据各地区的土壤测试结果适当补充硼、锌、钼等微肥,可提高向日葵抗病能力。

1.2 核盘菌研究现状

1.2.1 核盘菌的生物学特性

刘秋等人对向日葵菌核病菌菌丝生长及菌核萌发所需的温度、pH值、营养条件做了细致的研究,结果显示,最适温度为20~28 ℃和15~25 ℃,最适pH值均是4~7,最佳碳源为甘露糖和麦芽糖。石凤梅等人认为,大豆菌核病菌菌丝生长的最适温度为20~25 ℃。黄绪堂研究表明,向日葵菌核病

菌的萌发和子囊盘形成的最适温度为 10 ~ 25 ℃,最适土壤相对湿度为
80% ~ 90% 。刘勇等人报道了紫外线照射对菌核萌发的刺激作用,他们在
室内诱导菌核萌发,使得子囊孢子的收集较为简单可控。

1.2.2 核盘菌的遗传多样性

核盘菌是一种地理分布和寄主范围较为广泛的病原菌,其种内表现出
很高水平的遗传多样性。对于核盘菌遗传多样性的测定方法主要有:菌丝
亲和组、微卫星 DNA 技术(又称简单重复序列)、同工酶分析、随机扩增多态
性 DNA 片段、限制性酶切片段长度多态性以及 DNA 序列分析等技术。

1.2.2.1 菌丝亲和组

属于同一菌丝体亲和组的菌株在相互混合的情况下可以一起生长,形
成一个统一的菌落;当两个不同亲和组的菌株混合时,它们的菌丝体不能生
长在一起形成汇合菌落,而是形成一个菌丝体互作的反应区带。刘晓红等
人对 40 个油菜核盘菌菌株进行亲和性测定,得到了 30 个菌丝体亲和群,有
23 个菌丝体亲和群只含有 1 个菌株,最大的一个菌丝体亲和群也只含有 4
个菌株。

1.2.2.2 微卫星 DNA 技术

SSR 标记的基本原理:根据微卫星序列两端互补序列设计引物,通过
PCR 反应扩增微卫星片段。由于核心序列串联重复数目不同,因而能够用
PCR 的方法扩增出不同长度的 PCR 产物。将扩增产物进行凝胶电泳,根据
分离片段的大小决定基因型并计算等位基因频率。在真核生物中,存在许
多2 ~ 5 bp 简单重复序列,称为"微卫星 DNA",其两端的序列高度保守,可设
计双引物进行 PCR 扩增,揭示其多态性。

1.2.3 核盘菌的致病性分化

核盘菌寄主植物非常广泛,最近统计的寄主植物为 450 种。对于核盘菌

种群内是否存在致病性分化,得出的结论也各不相同。国外学者认为,相同地理来源的菌株致病性差异也很大,所以致病性差异与地理和寄主来源关系不大。在我国,李建厂等人通过研究认为,向日葵核盘菌致病性差异与菌株来源关系不显著。李沛利等人通过研究认为,核盘菌种群内存在明显的致病性分化,这种分化与地理来源和寄主来源没有明显的关系。刘春来等人对采集于内蒙古和黑龙江不同地区的 20 个向日葵核盘菌分离物进行了致病性测定,结果表明,不同来源的核盘菌菌株间致病性存在着显著差异,且这种致病性分化与菌株来源没有明显的相关性。石凤梅等人对采集于黑龙江省不同地区的大豆和向日葵植株上共 102 个核盘菌分离株进行了致病性测定,结果表明,来源不同的核盘菌致病力存在明显差异。

1.2.4 核盘菌毒素的研究

毒素是植物病原菌代谢过程中产生的一种对植物有害的非酶类化合物,少量毒素即可干扰植物的正常生理功能。草酸作为一种核盘菌分泌的有毒代谢物,与菌核病菌的致病性有关。吴纯仁等人通过扫描电镜观察证实了草酸对油菜的致病作用。刘秋等人报道了向日葵菌核病菌在离体、活体培养条件下均能产生草酸毒素,在产毒培养液中生长 2 天,即开始产毒,生长 8 ~ 9 天,达到产毒高峰。通过扫描电镜观察,Ca^{2+} 结晶可形成草酸钙晶体。孟凡祥等人也得出相同的结论,向日葵菌核病菌在液体培养基中培养第 2 天后,草酸毒素开始积累,2 ~ 7 天内草酸含量变化速度最快,7 ~ 9 天后含量达到高峰,随后其含量基本保持稳定。他们还用毒素粗提液处理向日葵种子,向日葵种子萌发率极低,或根本不萌发,萌发的种子其胚根平均长度仅为 0.34 cm。张笑宇等人报道,菌核病菌产毒最佳碳源为乳糖,最佳氮源为天门冬酰胺和谷氨酸,最适温度为 25 ℃,最适 pH 值为 6,在最佳培养条件下培养 10 天草酸含量可达最大值。

1.2.5 核盘菌的致病机制

1.2.5.1 组织病理学

核盘菌侵入寄主有两种方式:一种是通过菌核萌发所释放的子囊孢子黏附在寄主上,另一种是菌核所形成的菌丝穿透表皮,或者通过伤口侵入寄主。孟凡祥等人通过对核盘菌子囊孢子侵入向日葵叶片的观察发现,以表皮直接侵入为主,少数从气孔侵入。杨谦等人报道了核盘菌子囊孢子及菌丝在亚麻上的侵染过程,表明子囊孢子侵染过程与菌丝侵染过程相似,不同的是子囊孢子需要在花瓣营养的条件下侵入亚麻叶片。

杨谦等人对大豆和油菜核盘菌子囊盘形成的影响因子进行了研究,结果表明 PDA 培养基上培养的上述菌株的菌核均未萌发产生子囊盘柄。麦粒培养基上培养的上述菌株的菌核,在 20 ℃下保湿培养 3 ~ 7 周后,陆续开始萌发出子囊盘柄。油菜菌株 A 和大豆菌株 A 都不能在未经低温处理的情况下萌发出子囊盘柄,而另外两个菌株未经低温处理即可萌发出子囊盘柄。菌核在 2 cm 的土壤深度萌发率最高,在 5 cm 的土壤深度萌发率明显降低,在 15 cm 的土壤深度萌发率为 0,在 10 cm 的土壤深度只有个别菌核萌发出子囊盘。Willetts 和 Wong 认为,对核盘菌来说低温处理并不是萌发产生子囊盘所必需的。在土壤不同深度中的菌核,子囊盘的萌发能力不同,随着土壤深度的增加,萌发率降低。黄绪堂等人的研究表明:向日葵菌核病菌的萌发和子囊盘形成的最适温度为 10 ~ 25 ℃,最适土壤相对湿度为 80%~90%。菌核的萌发需要适宜的通气条件,菌核被浸在水中或埋在较深层的土壤(8 cm 以下)或非常紧实的土壤中不能萌发,一般以覆土 0 ~ 1 cm 长出的子囊盘数最多。

1.2.5.2 致病因子

尽管致病因子及各因子的作用机理至今尚有许多不清楚的地方,但是草酸、果胶酶和其他一些酶类如蛋白酶等在致病中的作用被人们广泛接受。草酸是一种相对分子质量较小的有机酸,是多种病原真菌代谢产生的有毒物质。核盘菌侵染植物时会分泌一种草酸毒素。De Bary 认为草酸与核盘菌的侵染有关;Max Well 和 Lumsdem 从核盘菌侵染的大豆组织中检测到草酸盐的存在;而 Rai 首次证实了油菜菌核病中草酸毒素的存在。果胶酶可降解植物细胞壁中的果胶成分,导致组织解体而引起枯萎、软腐、斑点、干腐等症状。此外植物病原菌还能产生一些降解细胞膜和细胞内物质的酶,例如蛋白酶,目前已发现一些病原细菌和真菌可以产生水解蛋白质的蛋白酶,这类酶能水解蛋白质中的肽键,其中很多也能水解酯键,而且多数都是非专一性的。研究表明,在接种核盘菌的感病寄主植物中,2 天后就可检测到蛋白酶的活性,10 天后蛋白酶活性达到峰值,核盘菌蛋白酶酶促反应的最适 pH 值为 3,可见,核盘菌产生草酸对蛋白酶也是有利的。

1.3　向日葵菌核病抗性机制

1.3.1　抗病性鉴定方法

抗病性鉴定是抗源筛选最主要的途径。向日葵菌核病类型的多样性及抗性机制的复杂性,为其抗病性鉴定增加了困难,较为常用的有如下几种方法。

1.3.1.1　子囊孢子接种法

向日葵菌核病盘腐型的发生是由子囊孢子侵染造成的,因此利用子囊孢子接种花盘能较为客观地反映其感病的情况。刘学敏等人用浓度为 1×10^5 个每毫升的子囊孢子悬浮液接种向日葵花盘,发病率仅为 5%,对照为 0。黄绪堂等人用喷雾器将子囊孢子悬浮液喷在花盘的背面或正反两面,每株喷 5 mL(150 倍显微镜下每个视野 10 ~ 20 个孢子),发病率仅为 6.7%。孟庆林等人用浓度为 1×10^3 个每毫升的子囊孢子悬浮液在向日葵始花期对花盘进行接种,并套袋保湿 48 h,取得了较好的效果。由于菌核萌发需要 30 天左右,因此,想要利用子囊孢子进行接种鉴定就需要提前做好准备,另外经过低温处理的菌核可以缩短 5～10 天的萌发时间,此外子囊孢子收集多采用自然弹射法,因其不易控制,应用受到一定限制。

1.3.1.2 菌丝体接种法

菌丝体接种通常是直接用带有培养基的菌丝体块接种花盘。1988 年 Stinzani 等人利用打孔器在花盘背面打孔后将菌丝体块置入孔中并保湿或用染菌棍置入孔中,获得较好的结果。刘学敏等人用解剖刀片在向日葵花盘背面靠近边缘处割 1 cm 长的半圆伤口,分别接入 3 mm^2 和 1.5 mm^2 的菌丝块,另外将菌丝签上 2 mm^2 的菌丝块接入同样的伤口内,插入花盘背面边缘处,结果表明,菌丝刀口接种平均发病率为 26%,而菌丝签接种平均发病率为 72%,此方法简便可行。臧宪朋等人将核盘菌菌丝体配制成一定浓度的菌丝悬浮液,浓度为紫外分光光度计 600 nm 波长下吸光度值为 1.0～2.0 时的浓度,喷雾接种,保湿 48 h。该方法适用于向日葵苗期对菌核病的抗病性评价。孟庆林等人用 30 g/L PDA 菌丝体、0.4 g 高粱粒菌丝体接种花盘,可区分出向日葵品种间抗性差异性。

1.3.1.3 草酸鉴定法

核盘菌次生代谢物——草酸是该菌致病的决定因子,因此寄主对草酸的抗性决定了它对病原的抗性。Mouly 等人研究了草酸处理不同抗性向日葵品种切块后 1,5－二磷酸核酮糖羧化加氧酶小亚基(SSU)基因的表达水平,结果表明,草酸处理 6 h 后,感病品种叶片中 SSU 转录水平就出现明显下降,而耐病品种叶片中的 SSU 转录水平在草酸处理 12～18 h 后才开始降低。这种情况与核盘菌侵染的结果相类似,因此可用草酸处理的结果来鉴定向日葵品种对菌核病的抗(耐)程度。

1.3.2 抗病育种的遗传基础

向日葵抗菌核病的遗传机制比较复杂。Rama 等人的研究表明,感病和抗病自交系及其杂交种之间的抗性相关极显著,菌核病抗性可从自交系传递给其 F1 杂交种,该性状是数量性状,受多基因控制,具有水平抗性特点。

1.3.3　向日葵抗菌核病抗原筛选现状

抗原是从事抗病育种的基础,国内外非常重视抗原的筛选工作。1989年黑龙江省农业科学院经济作物研究所审定推广了我国第一个中抗盘腐型菌核病的杂交种龙葵杂1号,之后龙食葵2号、龙食葵3号也相继问世,经专家委员会鉴定,龙食葵3号在2005年和2006年两年的菌核病平均发病率仅为1.05%,表现出较好的抗性。杨慎之等人从490份品种资源中鉴定筛选出抗菌核病的材料3份。孟庆林等人采用PDA菌丝体悬浮液对向日葵品种进行抗盘腐性鉴定,3年间共鉴定向日葵品种200余份,筛选出的对菌核病表现出较好的抗性品种有S26、晋葵7号、赤葵2号、龙食葵2号、龙食葵3号。

1.3.4　寄主的抗病机理

1.3.4.1　避病作用

避病作用主要表现在播期上。黄绪堂等人报道在黑龙江的气候条件下,苗期一般不发生菌核病,晚播对向日葵菌核病的发生具有一定的避病作用。

1.3.4.2　形态结构的抗病性

形态结构抗病是向日葵外部或组织结构能在某种程度上抵抗病菌的侵入或阻止向其内部扩展的现象。有研究表明,葵盘薄而扁平,通气组织发育较弱,背面为厚层保护的类型通常对盘腐型菌核病具有较强抗性。

1.3.4.3　生理生化抗性

(1)原有抗病物质的生成与积累

植保素是苯丙氨酸代谢途径中的产物,一般积累在受侵染的细胞周围,起屏障作用,防止病菌进一步侵染。植物受到病原体感染后,可使细胞壁木质化,形成阻止病原体进一步侵染的保护圈,使真菌不能穿透。另外木质素和富含羟脯氨酸的糖蛋白的增加可提高细胞表面的强度,从而提高对病原菌的防卫作用。

（2）抗病蛋白的生成

病程相关蛋白（PRP）是植物受病原菌侵染或不同因子刺激胁迫产生的一类诱导性蛋白质,其中几丁质酶和葡聚糖酶被认为是在抗病过程中较为关键的两种防御蛋白。核盘菌菌丝细胞壁的主要成分是几丁质和葡聚糖,几丁质酶、葡聚糖酶能将其水解,从而减轻病原菌对植物的侵害。张学昆等人发现,几丁质酶以脱乙酰化几丁质 7B 为底物时活性最高,而对乙酰化程度较高的几丁质和菌核病菌细胞壁的活性较低,导致了油菜对菌核病菌的抵抗力不强。植物受到外源病菌侵入的时候会引发一系列的防卫反应,阻止病原微生物的入侵,防卫酶系在这个过程中起到很大的作用。Bazzalo 认为耐菌核病植株被侵染的坏死斑中可溶性酚含量有所增加,且耐病品种中苯丙氨酸解氨酶(PAL)活性高于感病品种。吴纯仁认为,草酸能抑制多酚氧化酶(PPO)的活性,过氧化物酶（POD）、多酚氧化酶和超氧化物歧化酶（SOD）被认为与植物抗病性有密切关系。刘胜毅等人的研究表明,草酸抑制 PPO 的活性,草酸浓度较高也抑制苯丙氨酸解氨酶的活性,这说明防卫酶系在油菜抗菌核病的过程中有重要的生理生化作用。熊秋芳等人认为,草酸诱导油菜,过氧化物酶、多酚氧化酶和超氧化物歧化酶的活性增加,且增加的幅度抗病品种大于感病品种。张笑宇等人的研究表明,经粗毒素处理的向日葵幼苗,其体内过氧化物酶的活性增加,抗感两个品种具有显著差异。粗毒素抑制了向日葵叶片中多酚氧化酶和苯丙氨酸解氨酶的活性,而经稀释后低浓度的粗毒素可使苯丙氨酸解氨酶活性增加。

（3）可溶性物质的增多

关于抗菌核病与寄主内含物的变化关系已见报道。倪守延等人认为,油菜接种核盘菌后,其病斑长、宽及面积与水溶性糖和含水量密切相关,与亮氨酸、精氨酸、组氨酸和异亮氨酸等有关。可溶性物质的增多能提高寄主的耐病性,有以下原因:①缓冲草酸导致的细胞内 pH 值的变化,保持较高的酶活性,同时抑制病原菌的酶活性。②减小病害对细胞渗透性的影响。

③稳定内环境,维持细胞正常代谢,为寄主抵抗病原提供足够的物质和能量。病原侵染后,寄主呼吸作用加强是由各种代谢变化引起的,而 α-淀粉酶、蔗糖酶和脱乙酰壳多糖酶可增加可溶性物质的水解酶,加快碳水化合物(淀粉、蔗糖等)的降解。

(4)水杨酸的诱导和活性氧的释放

寄主被病原菌侵染后,水杨酸(SA)在植物受侵染部位大量积累:外源水杨酸会诱导防卫基因的表达和诱导抗性,水杨酸作为配体与过氧化氢酶结合,从而抑制该酶的活性,致使活性氧在细胞内含量增加,诱导防卫反应。研究表明,SA 是许多 R 基因特异的植物系统性抗病反应的重要信号分子,在植物的诱导抗性信号转导中起着关键作用。在激素类中脱落酸(ABA)在植物抗逆性方面的作用最为明显。植物体受到环境的胁迫时。内源 ABA 含量会增加,ABA 可延缓过氧化氢酶和超氧化物歧化酶等活性的下降,减少体内自由基的积累,防止丙二醛等有毒物质生成,保护细胞膜,使其免遭损伤。

1.4　向日葵菌核病的防治

1.4.1　选用抗病品种

例如,由黑龙江省农科院经济作物研究所育成的食葵品种有龙 96-1 等,油葵品种有龙葵杂 1 号、龙葵杂 2 号、龙葵杂 3 号等。以上品种经多年多点鉴定为中抗菌核病的杂交种。

1.4.2　合理的栽培措施

因地制宜、选地种植、实行轮作制度、杜绝重茬种植为合理的栽培措施。一般向日葵前茬作物应以玉米、小麦等禾本科植物为主。秋后深翻地,子囊盘柄的长度一般不超过 7 cm,所以将菌核深埋至 8 cm 以下的土层就很难萌发成子囊盘。应增施农家肥,增加钾肥、磷肥的施用量,适当减少氮肥的使用量,适时晚播,但要以向日葵的成熟不受初霜冻的影响为原则。另外向日葵与矮科作物(如菜豆、大豆等)间作种植或进行条状、带状种植,既能增强通透性,降低发病率,又有利于进行人工药剂防治。

1.4.3　生物防治

利用一些有益微生物对向日葵菌核病进行生物防治是一种较为有效的方法。很多微生物对核盘菌的菌核有寄生或拮抗作用,如假单胞菌 PS、芽孢杆菌 B、哈茨木霉菌和盾壳霉等。此外姜道宏等人提出,病毒性弱毒力菌株可引起病原菌群体致病力衰退,是真菌病害生物防治的另一条重要途径,研究核盘菌真菌病毒与寄主真菌之间的弱毒现象和弱毒机制会为核盘菌生物防治提供重要依据。

1.4.4　化学防治

黄绪堂等人将菌核稀释 500 倍,在向日葵开花时和开花结束后 10 天两次喷药效果较好。李海燕等人的研究表明,25% 咪鲜胺防治向日葵盘腐的防效为 55.2%,菌核净的防效为 51.7%。甲托和咪鲜胺混配液中,防效最好的是甲托:咪鲜胺 =4:6。目前一些无公害药剂也开始普遍使用。研究报道 6% 低聚糖素、5% 氨基寡糖素、5% 壳寡糖、液体地膜 4 种药剂防治向日葵菌核病的防效分别可达69.8%、70.5%、29.0% 和 56.6%。经统计分析,6% 低聚糖素、5% 氨基寡糖素、液体地膜 3 种处理的防效显著高于5% 壳寡糖处理的防效,初步认定这 3 种无公害药剂对菌核病有较好的防治效果。

第二章

向日葵菌核病发病规律研究

由核盘菌引起的向日葵菌核病是世界性的真菌病害,在我国各向日葵产区均有发生,且发病率逐年上升,导致部分地区向日葵绝收,同时,该病菌还可以引起大豆、油菜等多种农作物病害,危害十分严重。为此,植保和育种工作者对抗菌核病的防治技术和抗菌核病新品种的选育进行的研究较多,对油菜菌核病、大豆菌核病也进行了较为细致深入的研究,唯独向日葵菌核病相关方面研究甚少,因此开展这方面的研究相当必要。宋超等人对新疆地区向日葵菌核病发病规律的研究表明:该地区向日葵菌核病以根腐型为主,其发生与播期、灌水、气象因子存在密切关系。播期过早会严重感染菌核病,播期越晚发病率和病情指数越低。灌水后会产生明显的发病高峰,苗期发病早晚与温度有密切关系。纪武鹏等人对佳木斯地区向日葵菌核病发病规律的研究表明:土壤湿度越高,菌核病发病越重。土壤湿度为38.6%时,病情指数为16.9;土壤 pH 值为6.5~7时,菌核病发病最重,pH值为8.5~9时,菌核病发病最轻。播期试验结果表明:晚播菌核病发病率和病情指数明显低于早播。本章通过室内试验、盆栽试验以及田间试验对向日葵菌核病的发病规律进行了较为深入细致的研究,为有效防治向日葵菌核病提供理论基础,对抗菌核病育种、抗性鉴定、防治菌核病的研究都具有一定的参考作用。

2.1 材料与方法

2.1.1 向日葵菌核病病菌采集

2011~2013 年,对东北向日葵主产区吉林中西部、西部,黑龙江东部、西北部和内蒙古东部的 27 个市县 77 个乡镇共 208 块向日葵田进行取样。共分离向日葵菌核病染病株 115 株,这些核盘菌的地理位置见表 2-1。

表 2 - 1　不同供试地区向日葵 *S. sclerotiorum* 来源一览表

编号	采集地	编号	采集地
1	哈尔滨市民主试验地1	26	甘南县平阳镇
2	哈尔滨市民主试验地2	27	甘南县巨宝镇
3	哈尔滨市民主试验地3	28	呼伦贝尔市阿荣旗1
4	哈尔滨市糖研试验地1	29	呼伦贝尔市阿荣旗2
5	哈尔滨市糖研试验地2	30	呼伦贝尔市阿荣旗3
6	哈尔滨市糖研试验地3	31	呼伦贝尔市汉古尔河镇
7	呼兰区康金试验地1	32	呼伦贝尔市莫旗胜利村
8	呼兰区康金试验地2	33	呼伦贝尔市莫旗大莫丁村
9	呼兰区康金试验地3	34	讷河市二克浅镇西庄村
10	甘南县向日葵研究所试验地1	35	讷河市全胜镇佘家屯
11	甘南县向日葵研究所试验地2	36	讷河市长发镇贾家岗
12	甘南县向日葵研究所试验地3	37	讷河市同心镇于家窝棚
13	大庆市八一农大试验地1	38	讷河市通南镇永革村
14	大庆市八一农大试验地2	39	依安县中心镇建设村
15	大庆市八一农大试验地3	40	依安县三兴镇卫东村
16	黑龙江省农垦科学院试验地1	41	依安县依龙镇丰林村
17	黑龙江省农垦科学院试验地2	42	依安县新兴乡西太平村
18	黑龙江省农垦科学院试验地3	43	克山县发展乡
19	甘南县三湾村	44	克山县古北乡
20	甘南县双龙村	45	富裕县富裕镇万宝村
21	甘南县新建村	46	富裕县富路镇
22	甘南县一心村	47	克东县克东镇
23	甘南县太平山村1	48	拜泉县丰产乡
24	甘南县太平山村2	49	依安县阳春乡
25	甘南县太平山村3	50	北安市东胜乡

续表

编号	采集地	编号	采集地
51	北安市市郊	77	林口县县郊
52	五大连池农场	78	林口县青山镇
53	格球山农场	79	林口县古城镇
54	嫩江农场	80	吉林公主岭试验地1
55	嫩江市市郊	81	吉林公主岭试验地2
56	海伦市长发乡	82	吉林公主岭试验地3
57	海伦市赵喜屯	83	扶余县三井子镇
58	望奎县卫星镇	84	松原市宁江区
59	绥棱县县郊	85	松原市达里巴乡
60	青冈县县郊	86	松原市新庙镇
61	兰西县李家乡李家围子村	87	松原市长山镇
62	牡丹江市阳明区	88	大安市太山镇
63	牡丹江市磨刀石镇	89	大安市红岗子乡
64	穆棱市穆棱镇	90	大安市安广镇
65	穆棱市兴源镇	91	大安市来福乡
66	穆棱市下城子镇	92	大安市舍力镇
67	穆棱市八面通镇	93	大安市道堡镇
68	穆棱市下马桥镇	94	白城市市郊
69	穆棱市河西镇	95	白城市洮河农场
70	穆棱市福禄乡	96	白城市穆家店
71	鸡西市梨树乡	97	洮南市市郊
72	鸡西市恒山区	98	洮南市黑水镇
73	鸡西市滴道区	99	洮南市安定镇
74	桦南县幸福乡	100	洮南市向海镇
75	勃利县抢垦乡	101	通榆县兴隆山镇
76	七台河市虎山村	102	通榆县四井子村

续表

编号	采集地	编号	采集地
103	通榆县新华镇	111	前郭县乌兰图嘎
104	通榆县新兴乡	112	前郭县乌兰塔拉乡
105	通榆县瞻榆镇	113	乾安县胃字村
106	通榆县边昭镇	114	乾安县安字镇
107	长岭县太平川镇	115	乾安县东有村
108	长岭县北正镇	—	—
109	长岭县县郊	—	—
110	长岭县三团乡		

2.1.2 病原菌的分离及孢子悬浮液的制备

将采集的菌核经75%的乙醇消毒1~2 min,用无菌水冲洗3次,移入装有灭菌的PDA的培养皿中,22 ℃培养3~5天,用封口膜封好,放入4 ℃冰箱中保存待用。

子囊孢子悬浮液的制备:用4%的次氯酸钙对向日葵菌核表面消毒10 min,无菌水冲洗3次,埋入湿的灭菌沙中,置于4 ℃的冰箱中保存。7周后取出洗净并表面消毒,无菌水冲洗,置于发芽盒中的沙层上保湿培养。待菌核产盘后,用小吸尘器收集子囊孢子。将收集的子囊孢子稀释配制成浓度为在低倍显微镜下每个视野有30~50个孢子的孢子悬浮液,以下研究均用此浓度孢子悬浮液。

2.1.3 供试基质

黑土采自糖研试验地(灭菌土),沙子购自市场,黄沙土取自吉林省通榆县。

PDA培养基:马铃薯200 g,葡萄糖20 g,琼脂20 g,水1000 mL,121 ℃高

温湿热灭菌 30 min 后备用。

PD 培养液:马铃薯 200 g,葡萄糖 20 g,水 1000 mL,121 ℃高温湿热灭菌 30 min 后备用。

PS 培养液:马铃薯 200 g,蔗糖 20 g,水 1000 mL,121 ℃高温湿热灭菌 30 min后备用。

向日葵汁培养基:将 200 g 向日葵叶片加入到 1000 mL 水中,煮沸 20 min 后将向日葵叶片滤掉,滤液经 121 ℃高温湿热灭菌 30 min 后备用。

大豆汁培养基、油菜汁培养基和茄子汁培养基制备方法同向日葵汁培养基。

2.1.4　向日葵核盘菌生物学特性研究

2.1.4.1　温度对向日葵菌核萌发的影响

每盒定量装灭菌土 200 g,浇无菌水 100 mL。用镊子将菌核均匀布在土壤表面,每盒布 40 个菌核,将发芽盒分别置于 5 ℃、10 ℃、15 ℃、20 ℃、25 ℃培养箱中培养,确保在不同培养箱中有等强、等时的灯光照射。定期观察菌核萌发情况,发现有萌发现象时开始记录,每 5 天观察并记录一次。

2.1.4.2　土壤湿度对向日葵菌核萌发的影响

每盒土壤含水量分别设计为 30%、40%、50%、60%,共 4 个处理。每盒用镊子定量布菌核 40 个,置于 20 ℃培养箱中,按照不同处理最原始的记录质量称重,填入所需水量,保证土壤含水量与初始时一致,定期观察菌核萌发情况,发现有萌发现象时开始记录,每 5 天观察记录一次。

2.1.4.3　低温处理对向日葵菌核萌发的影响

将菌核分别放置在 −20 ℃、−10 ℃、−5 ℃、0 ℃、5 ℃、10 ℃的冰箱中处理 60 天。每盒定量装灭菌土 200 g,浇无菌水 100 mL。将处理后的菌核均匀布在土壤表面,对照为常温放置的菌核,每盒布 40 个菌核,将发芽盒置于

20 ℃培养箱中培养,确保在不同的培养箱中有等强、等时的灯光照射。定期观察菌核萌发情况,发现有萌发现象时开始记录,每 5 天观察记录一次。

2.1.4.4　土壤 pH 值对向日葵菌核萌发的影响

每盒定量装灭菌土 200 g,浇无菌水 100 mL。将菌核均匀布在土壤表面,每盒布 40 个菌核,调节土壤 pH 值为 3、4、5、6、7、8、9、10,将发芽盒置于 20 ℃培养箱中培养,确保在不同的培养箱中有等强、等时的灯光照射。定期观察菌核萌发情况,发现有萌发现象时开始记录,每 5 天观察记录一次。

2.1.4.5　土壤深度对向日葵菌核萌发的影响

每盒定量装灭菌土 1000 g,浇无菌水 100 mL。分别将菌核埋在距离土壤表面 0 cm、1 cm、2 cm、3 cm、4 cm、5 cm 的不同土层中,定期观察菌核萌发情况,发现有萌发现象时开始记录,每 5 天观察记录一次。

2.1.4.6　培养基质对向日葵菌核萌发的影响

试验共设 4 个处理,分别为黑土、沙子、土/沙、黄沙土,其中沙子用清水洗掉杂质,各基质使用前进行高温高压灭菌。每盒分别装 4 种灭菌培养基质 200 g,浇无菌水 100 mL。将菌核用镊子均匀布在土壤表面,每盒布 40 个菌核,将发芽盒置于 20 ℃培养箱中培养,确保在不同培养箱中有等强、等时的灯光照射。定期观察菌核萌发情况,发现有萌发现象时开始记录,每 5 天观察记录一次。

2.1.4.7　温度对子囊孢子萌发的影响

将配制好的孢子悬浮液分别置于 10 ℃、15 ℃、20 ℃、25 ℃、30 ℃培养箱中培养,每 1 h 观察一次,记录其孢子萌发情况,并计算孢子萌发率。

2.1.4.8　pH 值对子囊孢子萌发的影响

分别配制 pH 值为 4、5、6、7、8、9、10 的孢子悬浮液,放置于 20 ℃培养箱中培养 4 h,观察并计算孢子萌发率。

2.1.4.9　营养条件对子囊孢子萌发的影响

分别以 PD、PS、大豆汁、向日葵汁、油菜汁和茄子汁配制孢子悬浮液,放置于 20 ℃培养箱中培养,以蒸馏水为对照,2.5 h 后观察并计算孢子萌发率。

2.1.4.10　光照对子囊孢子萌发的影响

将孢子悬浮液分别进行全光照、全黑暗、光暗交替处理 2 h,放置于 20 ℃培养箱中培养 4 h,观察并计算孢子萌发率。

2.1.4.11　温度对孢子侵染的影响

设置 10 ℃、15 ℃、20 ℃、25 ℃、30 ℃5 个处理,将刚萌发的子囊孢子接种在离体花盘上保湿培养,每个处理 5 次重复,观察并记录发病情况。花盘腐烂 1/2 以上记为严重发病,花盘腐烂 1/2 以下记为轻度发病,无变化记为不发病。

2.1.4.12　相对湿度对孢子侵染的影响

利用控制密闭容器内相对湿度的方法,设置相对湿度为 100%、95%、90%3 个处理,取刚萌发的子囊孢子悬浮液接种在离体花盘上,放置于不同湿度处理下 20 ℃培养,观察并记录发病情况。

2.1.5　向日葵菌核病发病规律盆栽试验

2.1.5.1　菌量对向日葵菌核萌发的影响

将向日葵菌核、大豆菌核分别与土壤均匀搅拌,按比例形成 1‰、2‰、3‰、4‰(菌核个数/土壤质量)4 个不同浓度的菌土,每盆定量装土 15 kg,每盆保苗 5 株。对照不接种菌核,每个处理 3 次重复。出苗 30 天后,每 10 天调查一次,观察有无发病症状并记录试验数据。

2.1.5.2　土壤 pH 值对向日葵菌核病发病的影响

将土壤 pH 值分别调节为 5、6、7、8、9,试验共设置 5 个处理,每盆定量装土 15 kg,定量接菌量为 3‰,各盆保苗 5 株,各处理设置 3 次重复。每次浇水量一定,每 7 天测试一次 pH 值,做出相应的调整以保持与最初设计的 pH 值一致,出苗 30 天后,每 10 天调查向日葵发病情况。

2.1.5.3　菌核所处位置对向日葵菌核病发病的影响

本试验每盆定量装土 15 kg,每盆保苗 5 株,各处理设置 3 次重复。每盆接种菌核数量为 45 个。水平距离:以盆中心为圆心,以 2 cm 为半径,将 45 个菌核均匀布在圆周上,在距菌核分别为 0 cm、2 cm、4 cm、6 cm、8 cm、10 cm 处播种。垂直距离:定量测定出距离土壤表面 3 cm、6 cm、9 cm、12 cm、15 cm 的不同土层并做标记。分别按以上标记装土,将菌核分别布在距离播种土壤表面 3 cm、6 cm、9 cm、12 cm、15 cm 的不同土层中。出苗 30 天后,每 10 天调查向日葵发病情况。

2.1.6　向日葵菌核病发病规律田间试验

2.1.6.1　田间菌核数量与菌核病发生的关系

设置菌核量为 4.5 g/m²、6.0 g/m²、7.5 g/m² 3 个处理,试验品种为丰葵杂 1 号(抗)和 7101(感)。每区 130 m²,采用垄作方式,分别于苗期和成熟期调查发病情况。

2.1.6.2　播期与菌核病发生的关系

设置 5 月 19 日、5 月 29 日、6 月 9 日 3 个播期处理。试验品种及大区试验面积同上。

2.1.6.3　种植密度与菌核病发生的关系

设置距离为 60 cm、70 cm、80 cm 3 个处理,品种为丰葵杂 1 号,垄作穴播,每区 78 m^2。

2.1.6.4 间作与菌核病发生的关系

处理 1:向日葵与大豆 4 垄,2 垄间作。处理 2:向日葵与大豆 4 垄,4 垄间作。处理 3:向日葵连片种植。试验区垄长 267 m,共 116 垄,总面积 2.01 hm^2。采用机械播种,田间管理同生产田。向日葵品种为丰葵杂 1 号,大豆品种为黑农 48。于播种前对全试验区人工均匀接种菌核 4.5 g/m^2。收获前每区取 4 点,每点调查 100 株花盘,计算发病率及病情指数。

2.1.6.5 施肥与菌核病发生的关系

处理 1:施 N 肥,$N_1 = 30$ kg/hm^2、$N_2 = 45$ kg/hm^2、$N_3 = 60$ kg/hm^2、$N_4 = 75$ kg/hm^2 4 个处理(固定 P = 35 kg/hm^2、K = 110 kg/hm^2)。处理 2:施 P 肥,$P_1 = 20$ kg/hm^2、$P_2 = 30$ kg/hm^2、$P_3 = 40$ kg/hm^2、$P_4 = 50$ kg/hm^2 4 个处理(固定 N = 50 kg/hm^2、K = 110 kg/hm^2)。处理 3:施 K 肥,$K_1 = 90$ kg/hm^2、$K_2 = 105$ kg/hm^2、$K_3 = 120$ kg/hm^2、$K_4 = 135$ kg/hm^2 4 个处理(固定 N = 50 kg/hm^2、P = 35 kg/hm^2)。垄作小区面积为 39 m^2,株距为 70 cm,3 次重复。试验品种为丰葵杂 1 号,固定接种菌核 4.5 g/m^2,出苗后每 5 天调查一次,记录菌核萌发及苗期、成株期菌核病的发病情况。

2.1.6.6 环境因子与菌核病发生的关系

试验小区行数为 40,长为 30 m,面积为 780 m^2,土壤接种菌核量为 4.5 g/m^2,试验采用 60 cm × 25 cm 等行距穴播种植,品种为丰葵杂 1 号。当向日葵盘背面刚出现腐烂斑点时进行调查,每 5 天在下午 2 点定点测量所接菌核的 3 个测量点的土壤湿度、土壤温度、大气湿度、大气温度、大气压,观察记录子囊盘的萌发及盘腐的发病情况,并结合哈尔滨地区的气象资料,每 15 天作为一组数据,运用 DPS 软件进行相关因子分析。

2.2 结果与分析

2.2.1 向日葵菌核萌发和子囊孢子萌发及侵染试验

2.2.1.1 温度对向日葵菌核萌发的影响

向日葵菌核在不同的温度下培养具有不同的萌发结果,具体如表2－2所示。菌核在培养后第20天开始萌发,第25天即可长出子囊盘。菌核在20℃最适于生长及萌发,培养40天时萌发率及长盘率达到最大,分别为87.5%和62.5%。处理温度为10℃时,其最大萌发率与20℃时相同,都为87.5%,但其长盘率仅为42.5%,较20℃低。而处理温度为5℃和25℃时,菌核则不能萌发。

表 2-2 温度对向日葵菌核萌发的影响

调查时间/天	萌发部位	不同温度处理菌核萌发数量/个				
		5 ℃	10 ℃	15 ℃	20 ℃	25 ℃
20	子囊盘柄	0	3	1	6	0
	子囊盘	0	0	0	0	0
25	子囊盘柄	0	8	3	9	0
	子囊盘	0	3	0	4	0
30	子囊盘柄	0	12	8	15	0
	子囊盘	0	6	2	8	0
35	子囊盘柄	0	16	18	29	0
	子囊盘	0	8	8	20	0
40	子囊盘柄	0	22	33	35	0
	子囊盘	0	14	17	25	0
45	子囊盘柄	0	35	33	32	0
	子囊盘	0	17	18	20	0
50	子囊盘柄	0	17	18	15	0
	子囊盘	0	8	11	8	0

注:每个处理为 40 个菌核,下同。

2.2.1.2 土壤湿度对向日葵菌核萌发的影响

不同土壤湿度对向日葵菌核萌发具有一定的影响,如表 2 - 3 所示。土壤含水量在 40% 和 50% 时,菌核在 20 天即可萌发并长出子囊盘。土壤含水量为 30% 时,菌核在 20 天开始萌发,25 天长出子囊盘。当土壤含水量为 60% 时,菌核在 40 天才开始萌发,但不能发育成子囊盘。整体来看,土壤含水量为 50% 时,在菌核培养第 40 天,萌发率及长盘率达到最大,分别为 82.5% 和 57.5%。

表 2 - 3 土壤湿度对向日葵菌核萌发的影响

调查时间/天	萌发部位	不同土壤湿度处理菌核萌发数量/个			
		30%	40%	50%	60%
20	子囊盘柄	3	3	3	0
	子囊盘	0	1	2	0
25	子囊盘柄	7	6	15	0
	子囊盘	4	4	6	0
30	子囊盘柄	10	11	18	0
	子囊盘	3	8	8	0
35	子囊盘柄	14	13	24	0
	子囊盘	8	8	16	0
40	子囊盘柄	18	21	33	15
	子囊盘	15	16	23	0

续表

调查时间/天	萌发部位	不同土壤湿度处理菌核萌发数量/个			
		30%	40%	50%	60%
45	子囊盘柄	20	25	28	18
	子囊盘	11	20	20	0
50	子囊盘柄	11	15	20	15
	子囊盘	4	8	10	0

2.2.1.3　低温处理对向日葵菌核萌发的影响

低温处理对向日葵菌核萌发具有一定的影响,如表2-4所示。-5 ℃处理菌核萌发所需的时间最短,培养10天菌核即开始萌发,15天就可产生子囊盘,第30天其萌发数和产盘数达到最大,分别为85%和67.5%。-20 ℃与-10 ℃处理菌核萌发也仅需10天,都比对照常温处理的菌核萌发时间短。-20 ℃处理的子囊盘产生量在35天达到最大,比对照所需时间少5天,而其他低温处理与对照无明显差异。可见,低温处理对缩短菌核萌发时间具有一定的作用,-5 ℃与-20 ℃处理可使菌核萌发与子囊盘产生量达到最大分别提前10天和5天,而对菌核萌发数量与子囊盘产生数量没有显著影响。

表 2 - 4　低温处理对向日葵菌核萌发的影响

调查时间/天	萌发部位	低温处理菌核萌发的数量/个						
		-20 ℃	-10 ℃	-5 ℃	0 ℃	5 ℃	10 ℃	室温
10	子囊盘柄	4	3	6	0	0	0	0
	子囊盘	0	0	0	0	0	0	0
15	子囊盘柄	6	3	8	3	1	0	0
	子囊盘	2	2	3	0	0	0	0
20	子囊盘柄	15	15	22	9	6	5	6
	子囊盘	6	3	9	2	0	0	1
25	子囊盘柄	22	18	28	13	7	10	10
	子囊盘	13	12	18	6	4	3	6
30	子囊盘柄	28	25	34	18	14	16	19
	子囊盘	18	15	27	13	8	9	9
35	子囊盘柄	35	30	34	28	22	25	24
	子囊盘	26	20	25	20	15	17	16
40	子囊盘柄	30	33	30	35	30	33	30
	子囊盘	22	24	17	25	22	23	23
45	子囊盘柄	20	25	20	28	25	24	28
	子囊盘	12	18	10	17	18	17	20

2.2.1.4　土壤 pH 值对向日葵菌核萌发的影响

不同土壤 pH 值对向日葵菌核萌发具有一定的影响,菌核最早在处理后 20 天开始萌发,具体情况如表 2 - 5 所示。菌核的萌发与生长对土壤 pH 值的适应范围较广,本试验供试菌核在 pH 值为 3 ~ 10 之间均可生长,但当 pH 值为 3 和 10 时,菌核萌发所需时间较长,当 pH 值为 10 时,不利于菌核萌发和生长。综合来看,所有处理最早于培养后 25 天开始长出子囊盘,其中 pH 值为 8 的处理在此时期的长盘数最多,为 7 个;子囊盘生长的高峰出现在培养后第 40 天,其中 pH 值为 8 的处理在此时期的长盘数最多,为 23 个。具体来看,pH 值为 4、5、6、7 时,长盘高峰出现在培养后第 45 天、第 40 天、第 40 天和第 45 天,而萌发的高峰期分别为第 45 天、第 45 天、第 40 天和第 45 天。综上所述,培养基质偏酸性更有利于向日葵菌核的萌发及生长,且萌发和生长的最高峰出现在培养后的第 40 ~ 45 天的范围内。但也有特殊情况,当培养基质为弱碱性即 pH 值为 8 时,也极有利于向日葵菌核的萌发及生长。

表 2 - 5　土壤 pH 值对向日葵菌核萌发的影响

调查时间/天	萌发部位	不同土壤 pH 值菌核萌发数量/个							
		3	4	5	6	7	8	9	10
20	子囊盘柄	0	4	5	3	4	2	0	0
	子囊盘	0	0	0	0	0	0	0	0
25	子囊盘柄	3	4	9	9	4	9	8	0
	子囊盘	0	2	3	3	3	7	3	0
30	子囊盘柄	9	6	9	10	6	18	12	0
	子囊盘	7	3	6	7	3	10	8	0

续表

调查时间/天	萌发部位	不同土壤 pH 值菌核萌发数量/个							
		3	4	5	6	7	8	9	10
35	子囊盘柄	18	17	14	15	8	20	14	10
	子囊盘	15	8	11	13	4	15	10	0
40	子囊盘柄	27	19	28	22	13	24	19	15
	子囊盘	22	11	18	19	8	23	19	2
45	子囊盘柄	30	30	35	18	15	25	19	19
	子囊盘	14	13	15	10	11	20	18	1
50	子囊盘柄	22	22	28	18	11	21	11	8
	子囊盘	13	8	15	11	7	11	8	0
55	子囊盘柄	14	6	9	14	9	14	9	5
	子囊盘	13	5	9	11	5	8	8	0
60	子囊盘柄	8	6	8	6	0	9	3	0
	子囊盘	6	2	6	4	0	5	2	0

2.2.1.5 土壤深度对向日葵菌核萌发的影响

如表 2－6 所示,当培养菌核的土壤深度为距离土壤表层 4 cm 时,菌核只萌发而不能形成子囊盘,而当培养菌核的土壤深度为距离土壤表层 5 cm 时,菌核不能萌发。当培养菌核的土壤深度在 1～3 cm 之间时,随着深度的增加,菌核的萌发及长盘能力逐渐减弱,且萌发时间也较长。当深度为 3 cm

时,需要45天才能萌发,50天才有一个菌核长出子囊盘。可见培养菌核的土壤深度越浅越有利于菌核的萌发及长盘,当土壤深度为0 cm时,培养后第45天萌发和长盘数量达到峰值,分别为85%和55%。

表2-6　土壤深度对向日葵菌核萌发的影响

调查时间/天	萌发部位	不同土壤深度菌核萌发的数量/个					
		0 cm	1 cm	2 cm	3 cm	4 cm	5 cm
25	子囊盘柄	4	0	0	0	0	0
	子囊盘	0	0	0	0	0	0
30	子囊盘柄	9	0	0	0	0	0
	子囊盘	2	0	0	0	0	0
35	子囊盘柄	15	4	0	0	0	0
	子囊盘	8	0	0	0	0	0
40	子囊盘柄	28	11	7	0	0	0
	子囊盘	20	0	0	0	0	0
45	子囊盘柄	34	18	15	4	5	0
	子囊盘	22	8	6	0	0	0
50	子囊盘柄	32	24	18	7	8	0
	子囊盘	20	14	9	1	0	0
55	子囊盘柄	28	24	20	11	8	0
	子囊盘	14	16	11	4	0	0

2.2.1.6 培养基质对向日葵菌核萌发的影响

由表2-7可知,不同的培养基质对菌核萌发的影响效果不同。具体表现为菌核在黑土及沙子基质上萌发最快,在培养20天开始萌发,在培养25天开始长盘。土/沙次之,在培养后第30天开始萌发,在培养后40天开始长盘。在黄沙土上最慢,在培养后第40天才开始萌发,在培养后45天开始长盘。但到培养后第50天,各培养基质间的长芽和长盘量差别不大,说明不同的培养基质只能够影响到向日葵菌核萌发长芽及子囊盘发生的时间早晚,而对菌核长芽和子囊盘生长的数量不具备明显的影响效果。

表2-7 不同培养基质对向日葵菌核萌发的影响

调查时间/天	萌发部位	不同培养基质菌核萌发数量/个			
		黑土	沙子	土/沙	黄沙土
20	子囊盘柄	3	4	0	0
	子囊盘	0	0	0	0
25	子囊盘柄	5	7	0	0
	子囊盘	2	1	0	0
30	子囊盘柄	13	18	4	0
	子囊盘	7	8	0	0
35	子囊盘柄	22	28	9	0
	子囊盘	12	14	0	0
40	子囊盘柄	34	33	14	7
	子囊盘	21	25	2	0

续表

调查时间/天	萌发部位	不同培养基质菌核萌发数量/个			
		黑土	沙子	土/沙	黄沙土
45	子囊盘柄	28	33	20	19
	子囊盘	22	21	9	6
50	子囊盘柄	25	26	31	31
	子囊盘	15	11	18	16

2.2.1.7 温度对子囊孢子萌发的影响

子囊孢子在 10～30 ℃之间均可萌发,萌发适宜温度在 15～25 ℃之间,最适温度为 25 ℃;5 h 后,15 ℃、20 ℃、25 ℃处理的子囊孢子萌发率均在 90%左右,如表 2－8 所示。

表 2－8 不同温度对核盘菌子囊孢子萌发的影响

菌株编号	取样时间/h	子囊孢子萌发率/%				
		10 ℃	15 ℃	20 ℃	25 ℃	30 ℃
1	1	0	0	0	0	0
	2	0	0	15.7	23.3	1.8
	3	0	26.3	40.5	72.5	4.2
	4	3.7	55.9	70.8	86.7	10.5
	5	9.6	84.6	92.3	93.5	14.2

续表

| 菌株 | 取样时间 | 子囊孢子萌发率/% | | | | |
编号	/h	10 ℃	15 ℃	20 ℃	25 ℃	30 ℃
	1	0	0	0	0	0
	2	0	0	16.1	24.5	1.3
24	3	0	27.4	39.8	69.7	3.7
	4	4.3	56.1	70.6	85.9	8.8
	5	10.8	85	92.5	93.4	12.9
	1	0	0	0	0	0
	2	0	0	15.3	26.7	1.6
73	3	0	25.9	39.9	72.5	4.9
	4	4.9	57.2	71.6	86.4	10.5
	5	11.6	84.1	93.2	94.2	15.2
	1	0	0	0	0	0
	2	0	0	14.2	21.8	2.3
114	3	0	24.3	37.9	67	5.1
	4	4.6	53	68.7	83.2	10.3
	5	11.2	83.9	91.6	94.7	14.9

2.2.1.8　pH 值对子囊孢子萌发的影响

子囊孢子在 pH 值为 4~10 的范围内均可萌发,最适 pH 值为 7~8,即在中性和偏碱性条件下易萌发, pH 值小于 7 或大于 8 时,子囊孢子萌发率呈明显降低趋势,如表 2-9 所示。

表 2-9　不同 pH 值对核盘菌子囊孢子萌发的影响

菌株编号	子囊孢子的萌发率/%						
	pH = 4	pH = 5	pH = 6	pH = 7	pH = 8	pH = 9	pH = 10
1	38.3	62.5	81.6	94.7	93.8	78.1	68.9
10	40.4	61.1	82.1	96.4	97.9	79.9	70.6
15	33.7	58.0	80.0	94.7	96.2	76.0	69.0
18	39.7	66.5	79.1	95.5	94.1	84.3	76.2
24	42.5	67.8	81.2	95.9	98.1	83.4	74.6
32	40.6	65.3	79.3	93.6	93.1	77.8	66.6
42	36.9	63.7	76.3	92.7	91.3	81.5	73.4
73	32.1	56.4	77.4	92.4	93.6	77.1	67.4
104	41.7	68.5	81.1	96.5	96.1	86.3	78.2
114	34.5	60.7	78.5	95.2	94.5	80.2	70.9

2.2.1.9　营养条件对子囊孢子萌发的影响

培养 2.5 h 后,PS 培养液、大豆汁、油菜汁和茄子汁中子囊孢子萌发率均可达 90% 左右,向日葵汁中孢子萌发率也在 60% 左右,均明显高于蒸馏水中孢子萌发率,而 PD 培养液中孢子萌发率仅在 10% 左右。可见不同营养条件对核盘菌子囊孢子的萌发影响较大。该试验中,PS 培养液、大豆汁、油菜汁和茄子汁可促进孢子的萌发,而 PD 培养液则抑制孢子的萌发,如表 2 - 10 所示。

表 2 - 10　不同营养条件对核盘菌子囊孢子萌发的影响

菌株编号	子囊孢子萌发率/%						
	PD	PS	大豆汁	向日葵汁	油菜汁	茄子汁	蒸馏水
1	12.5	87.9	90.2	62.7	91.4	92.0	45.8
10	13.8	88.5	91.3	64.1	92.5	91.9	47.8
15	10.7	85.4	88.6	60.8	89.2	90.1	43.6
18	12.2	90.5	91.7	65.5	90.8	92.3	46.2
24	11.3	86.7	89.0	61.5	90.2	90.8	44.6
32	16.4	91.1	93.9	66.7	95.1	94.5	50.4
42	14.6	89.3	92.5	64.7	93.1	94.0	47.5
73	12.7	90.5	93.1	59.8	91.7	92.6	45.6
104	13.4	88.1	91.3	63.5	91.9	92.8	46.3
114	13.3	91.1	93.7	60.4	92.3	93.2	46.2

2.2.1.10　光照对子囊孢子萌发的影响

全光照、光暗交替、全黑暗3个处理子囊孢子萌发率接近,因此有无光照对子囊孢子萌发无显著影响,如表2-11所示。

表2-11　不同光照条件对核盘菌子囊孢子萌发的影响

菌株编号	子囊孢子萌发率/%		
	全光照	光暗交替	全黑暗
1	87.8	88.5	86.9
10	86.3	85.7	86.5
15	86.0	86.3	85.2
18	87.5	86.6	85.8
24	84.5	85.6	83.9
32	87.2	88.0	86.8
42	85.8	84.7	85.0
73	86.1	85.0	85.4
104	84.3	83.5	85.0
114	86.7	87.5	86.1

2.2.1.11　温度对子囊孢子侵染的影响

子囊孢子在15～30 ℃之间均可侵染寄主使其发病,侵染最适温度在20～25 ℃之间,9天后,寄主植物可轻度发病,12天后,寄主植物可达重度发病,如表 2 – 12 所示。

表 2 – 12　不同温度对核盘菌子囊孢子侵染的影响

菌株编号	取样时间/天	10 ℃	15 ℃	20 ℃	25 ℃	30 ℃
	8	—	—	—	—	—
	9	—	—	*	*	—
1	10	—	*	*	*	*
	11	—	*	* *	* *	*
	12	—	* *	* *	* *	*
	8	—	—	—	—	—
	9	—	—	*	*	—
24	10	—	*	*	*	*
	11	—	*	* *	* *	*
	12	—	* *	* *	* *	*
	8	—	—	—	—	—
	9	—	—	—	*	—
73	10	—	—	*	*	—
	11	—	*	*	* *	—
	12	—	*	* *	* *	*

续表

菌株编号	取样时间/天	10 ℃	15 ℃	20 ℃	25 ℃	30 ℃
	8	—	—	—	—	—
	9	—	—	*	*	—
114	10	—	—	*	*	—
	11	—	*	*	* *	*
	12	—	*	* *	* *	*

注: * 发病轻; * * 发病重; — 不发病,下同。

2.2.1.12 相对湿度对子囊孢子侵染的影响

子囊孢子仅在相对湿度达到100%的条件下才可侵染发病,因此核盘菌子囊孢子需在有水膜的条件下才可侵染寄主植物使其发病,如表2 – 13所示。

表2 – 13 相对湿度对核盘菌子囊孢子侵染的影响

菌株编号	100%	95%	90%
1	*	—	—
10	* *	—	—
15	*	—	—
18	* *	—	—
24	*	—	—

续表

菌株编号	100%	95%	90%
32	*	—	—
42	*	—	—
73	* *	—	—
104	*	—	—
114	*	—	—

2.2.2　向日葵菌核病发病规律盆栽试验结果

2.2.2.1　菌量对向日葵菌核病发病的影响

随着接种量的增加,向日葵菌核病发病率和病情指数均明显增加,如图 2 - 1 所示,并且大豆菌核也可以侵染向日葵使其发病,如图 2 - 2 所示,但是在相同菌量条件下,向日葵菌核的发病率较低。本试验中,接种大豆菌核量在 1‰时即 15 个菌核颗粒时未发现有感病植株,而当接种量为 2‰时,就有较高的发病率。从本试验看,低浓度的大豆菌核使用量(1‰)对向日葵发病无明显作用,随着处理浓度的升高,可以看出向日葵的发病率也增高,说明在一定范围内大豆菌核浓度越高,向日葵越容易感病。

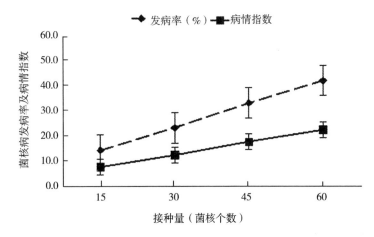

图 2 – 1 不同菌量(向日葵菌核)对向日葵菌核病发病的影响

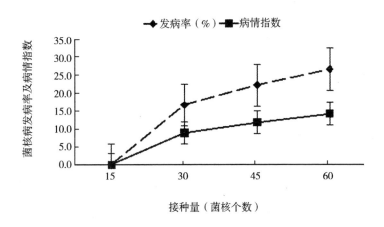

图 2 – 2 不同菌量(大豆菌核)对向日葵菌核病发病的影响

2.2.2.2 土壤 pH 值对向日葵菌核病发病的影响

不同土壤 pH 值对向日葵菌核病发病率具有一定影响作用,如图 2 – 3 所示。pH 值为 5 和 8 两个处理发病率与病情指数较高。以上分析表明:不同土壤 pH 值条件下均有作物感病,说明菌株具有广泛的 pH 值适应范围,可见土壤 pH 值对向日葵感病情况无明显规律。

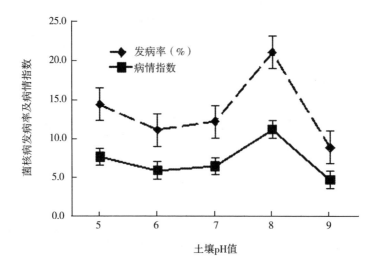

图 2-3　土壤 pH 值对向日葵菌核病发病的影响

2.2.2.3　菌核所处位置对向日葵菌核病发病的影响

菌核所处水平位置能够影响到向日葵菌核病发病率,且各处理感病情况不尽相同。在同一水平面,种子距离菌核越近,植株的发病率越高,病情指数也越高,如图 2-4 所示。从菌核垂直位置看,当菌核与种子的垂直距离超过 12 cm 时,植株均未感病,而在 3~9 cm 之间,发病率和病情指数均随垂直距离的增大而逐渐降低,如图 2-5 所示。从本试验中可看出,在田间生产中,可适当深翻来降低菌核萌发率,进而减少菌核病的发生。

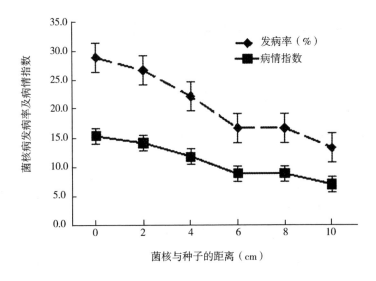

图 2-4 菌核与种子水平距离对向日葵菌核病发病的影响

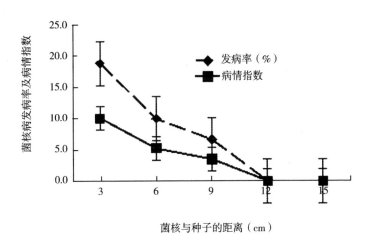

图 2-5 菌核与种子垂直距离对向日葵菌核病发病的影响

2.2.3 向日葵菌核病发病规律田间试验结果

2.2.3.1 田间菌核数量与菌核病发生的关系

试验结果如表 2-14 所示。在苗期两品种菌核病发生均较轻,导致不同菌量处理间病情差异不明显。田间菌量为 4.5 g/m²、6.0 g/m²、7.5 g/m²时,丰葵杂 1 号的发病率分别为 19.5%、24.5% 和 32.7%,病情指数分别为 10.68、10.84 和 15.91。7101 的发病率分别为 27.1%、50.8% 和 81.2%,病情指数分别为 22.54、48.50 和 63.12。两品种菌核病发病率及病情指数均随着菌量的增加呈上升趋势,但抗病品种病情增加不如感病品种表现得明显。

表 2-14 菌量对向日葵菌核的影响

菌量/ (g·m⁻²)	丰葵杂 1 号				7101			
	苗腐		盘腐		苗腐		盘腐	
	发病 率/%	病情 指数	发病 率/%	病情 指数	发病 率/%	病情 指数	发病 率/%	病情 指数
4.5	4.2	1.07bA	19.5	10.68bA	3.9	1.43bB	27.1	22.54cC
6.0	4.7	1.27abA	24.5	10.84bA	4.7	2.04bAB	50.8	48.50bB
7.5	5.1	2.06aA	32.7	15.91aA	7.2	3.43aA	81.2	63.12aA

注:小写字母代表相关显著性水平 $P \leqslant 0.05$,大写字母代表相关显著性水平 $P \leqslant 0.01$,下同。

2.2.3.2 播期与菌核病发生的关系

播期试验结果如表 2-15 所示。不同播期对向日葵苗腐的发生影响较小,两个品种三个播期的菌核病苗腐病情间差异均不显著;而播期对盘腐的发生影响较大,两个品种三个播期的盘腐病情差异均极显著,迟播可明显降低盘腐的发生程度。其原因可能是寄主的盘腐侵染适期较短,需要和子囊孢子释放盛期及适宜的气象条件相遇才能引致侵染发生,而迟播使这几个因素不能很好地相遇,导致发病轻。田间小区测产结果如表2-16所示。迟播对产量的影响因品种不同而不同,但从两个品种试验结果看,延期20天播种的都较正常播期的产量有所减产。因此综合播期对病害和产量的影响,根据品种不同较当地正常播期延后10天左右播种较为适宜。

表2-15　播期对向日葵菌核病发生的影响

播期	丰葵杂1号				7101			
	苗腐		盘腐		苗腐		盘腐	
	发病率/%	病情指数	发病率/%	病情指数	发病率/%	病情指数	发病率/%	病情指数
5.19	4.2	1.07aA	36.0	42.0aA	3.9	1.43 aA	94.9	69.55aA
5.29	4.3	1.33aA	23.3	7.50bB	5.2	1.57 aA	32.0	32.00bB
6.9	5.2	1.31aA	3.70	0.93cC	6.0	2.04 aA	30.0	16.25cC

表2-16　播期对向日葵产量的影响

播期	品种名称	小区产量/kg	增产/%	品种名称	小区产量/kg	增产/%
5.19	丰葵杂1号	14.46bB	—	7101	8.87aA	—
5.29	丰葵杂1号	13.44bAB	-7.1	7101	9.70aA	9.3
6.9	丰葵杂1号	8.98aA	-37.9	7101	8.33aA	-6.1

2.2.3.3　种植密度与菌核病发生的关系

试验结果如表2－17所示。种植密度不同对菌核病苗腐的病情影响不大;而对盘腐来说,种植密度越大盘腐的病情越重,降低种植密度可以有效减少菌核病盘腐的发生。同时种植密度较高时向日葵产量较低,而适宜地降低种植密度会达到明显的增产效果。

表2－17　不同种植密度对菌核病发生及产量的影响

株距/cm	苗腐		盘腐		产量 /(g·m^{-2})
	发病率/%	病情指数	发病率/%	病情指数	
60	4.2	1.07aA	54.6	29.09aA	134.8bA
70	4.7	1.16aA	26.1	11.23bB	162.4abA
80	4.4	1.34aA	18.2	7.73bB	197.0aA

2.2.3.4　间作与菌核病发生的关系

试验结果如表2－18所示。向日葵与矮秆作物进行间作,有减轻向日葵菌核病盘腐发病的作用。适当增加矮秆作物的种植垄数,减轻病害发生的效果更好。

表 2 – 18 间作与菌核病发生的关系

处理	发病率/%					病情指数				
	I	II	III	IV	平均	I	II	III	IV	平均
4:2 垄间作	6.7	7.3	4.7	4.3	5.8b	1.7	1.8	1.2	1.1	1.5b
4:4 垄间作	4.0	2.0	1.3	1.7	2.3c	1.0	0.5	0.3	0.4	0.6c
连片	8.0	9.5	6.0	9.5	8.3a	2.0	2.4	1.5	2.4	2.1a

2.2.3.5 施肥与菌核病发生的关系

试验结果如表 2 – 19 所示。从施肥对菌核产生子囊盘的数量看,N 肥处理区,菌核产生子囊盘数量由多到少依次为 N_4(40.83 个每平方米)> N_3(24.16 个每平方米)> N_1(5.83 个每平方米)> N_2(4.17 个每平方米)。P 肥处理区:菌核萌发产生子囊盘数量依次为 P_3(40.17 个每平方米)> P_4(17.17 个每平方米)> P_2(15.50 个每平方米)> P_1(5.50 个每平方米)。K 肥处理区:菌核萌发产生子囊盘数量依次为 K_2(15.67 个每平方米)> K_4(8.17 个每平方米)> K_1(8.00 个每平方米)> K_3(6.33 个每平方米)。

从施肥对发病程度的影响看,N 肥处理,病情指数由大到小依次为 N_4(31.65)> N_3(22.70)> N_1(18.06)> N_2(15.70)。P 肥处理,病情指数依次为 P_2(22.69)> P_1(17.86)> P_3(16.88)> P_4(14.93)。K 肥处理,病情指数依次为 K_1(29.59)> K_2(27.72)> K_3(18.93)> K_4(16.61)。

从产量看,N 肥处理,由大到小依次为 N_2 > N_1 > N_4 > N_3。P 肥处理,由大到小依次为 P_3 > P_2 > P_4 > P_1。K 肥处理,由大到小依次为 K_1 > K_4 > K_2 > K_3。产量上的差异与菌核病的发生程度有关。

试验结果为,N 肥增加可导致田间菌核形成子囊盘,进而加重菌核病的发生程度,但 P 肥、K 肥对田间菌核形成子囊盘和菌核病发生程度的影响规律尚未得出。

表 2 - 19　不同施肥量对子囊盘及菌核病的影响

处理	子囊盘数量 /个每平方米	发病率 /%	病情指数	单盘粒重 /g	产量 /千克每亩
N_1 P K	5.83cC	24.5	18.06abA	64.17	109.8abA
N_2 P K	4.17cC	23.7	15.70bA	84.93	145.3aA
N_3 P K	24.16bB	31.7	22.70abA	55.89	95.6bA
N_4 P K	40.83aA	42.3	31.65aA	57.65	98.6bA
P_1 N K	5.50bB	20.4	17.86abA	60.23	103.0cB
P_2 N K	15.50bAB	29.6	22.69aA	63.15	108.0aA
P_3 N K	40.17aA	22.1	16.88abA	88.87	152.0bA
P_4 N K	17.17bAB	22.5	14.93bA	62.93	107.6cB
K_1 N P	8.00bB	33.8	29.59aA	85.87	146.9aA
K_2 N P	15.67aA	35.9	27.72aA	73.03	124.9bA
K_3 N P	6.33bB	31.2	18.93aA	46.52	79.6cB
K_4 N P	8.17bB	20.4	16.61aA	73.4	125.5bA

2.2.3.6 环境因子与菌核病发病的关系

表 2 - 20 不同环境条件下盘腐的发病情况

调查日期	土壤湿度/%	大气湿度/%	降雨量/mm	地表温度/℃	大气温度/℃	大气压/Pa	子囊盘数/个	病情指数
7.25	23.5	65.6	0.00	28.4	20.4	999.9	8	12.5
7.30	23.1	69.9	0.00	29.6	20.6	1000.7	12	14.2
8.5	23.4	73.9	9.45	24.8	19.0	990.7	13	16.3
8.10	26.7	71.3	0.04	25.2	20.4	998.5	17	21.6
8.15	27.6	77.8	3.15	25.3	20.5	998.5	21	24.5
8.20	29.1	74.7	1.10	26.1	21.4	1001.7	24	30.8
8.25	30.3	70.5	0.00	27.7	22.1	999	26	34.7
8.30	32.9	78.9	0.56	24.6	21.4	997.6	22	37.1
9.5	27.7	79.0	1.15	24.5	22.2	998.2	19	42.6

（1）土壤湿度对盘腐病情的影响

通过 DPS 对土壤湿度与病情指数进行单因素线性回归分析,得出每 15 天的土壤平均湿度与病情指数的显著水平 $P = 0.0023$,相关系数 $R = 0.7629$, $F = 15.32$,病情指数 Y 与土壤湿度 X 可建立如下方程: $Y = -71.27 + 3.562X$,回归系数 $b = 3.562 > 0$,说明在一定范围内随着土壤湿度的增加,病情指数逐渐增大。

（2）土壤温度对盘腐病情的影响

通过对土壤温度与病情指数进行单因素线性回归分析,得出每 15 天的土壤平均温度与病情指数的显著水平 $P = 0.0031$,相关系数 $R = 0.7513$,$F = 14.26$,病情指数 Y 与土壤温度 X 可建立如下方程:$Y = 145.7 - 4.653X$,回归系数 $b = -4.653 < 0$,说明在一定范围内随着土壤温度的升高,病情指数逐渐降低,当土壤温度 $\leqslant 31.06$ ℃时,田间开始出现盘腐,即病情指数开始增长。

(3)大气平均相对湿度对盘腐病情的影响

通过对大气平均相对湿度与病情指数进行单因素线性回归分析,得出每15天的大气平均相对湿度与病情指数的显著水平 $P = 0.0068$,相关系数 $R = 0.7082$,病情指数 Y 与大气平均相对湿度 X 可建立如下方程:$Y = -145.9 + 2.314X$,回归系数 $b = 2.314 > 0$,说明在一定范围内随着大气平均相对湿度的增加,病情指数逐渐增大,当大气平均相对湿度 $\geqslant 62.93\%$ 时,病情指数开始增长。

(4)子囊盘数量与盘腐病情的影响

通过对子囊盘数量与病情指数进行单因素线性回归分析,得出每15天的平均子囊盘数量与病情指数的显著水平 $P = 0.0113$,相关系数 $R = 0.6756$,$F = 9.236$,病情指数 Y 与子囊盘数量 X 可建立如下方程:$Y = 3.465 + 1.351X$,回归系数 $b = 1.351 > 0$,说明在一定范围内随着子囊盘数量增加,病情指数逐渐增大。

(5)大气平均气压对盘腐病情的影响

通过对大气平均气压与病情指数进行单因素线性回归分析,得出每15天的大气平均气压与病情指数的显著水平 $P = 0.021$,相关系数 $R = 0.630$,病情指数 Y 与大气平均气压 X 可建立如下方程:$Y = -2174.0 + 2.203X$,回归系数 $b = 2.203 > 0$,说明在一定范围内随着大气平均气压增加,病情指数逐渐增大。

(6)大气平均温度对盘腐病情的影响

每15天大气平均温度与病情指数的相关性较差,相关系数 $R = 0.1423$,说明病情指数与大气平均温度相关系数没有达到显著水平。

(7)平均降雨量对盘腐病情的影响

每15天平均降雨量与病情指数的相关性较差,相关系数 $R = 0.0416$,说明病情指数与平均降雨量相关系数没有达到显著水平。

(8)气象因子与病情的逐步回归

对土壤湿度、大气平均相对湿度、土壤温度、大气平均气压等相关系数较高的因素与病情指数进行逐步回归分析,病情指数 Y 与土壤湿度 X_1、大气平均相对湿度 X_2、土壤温度 X_3、大气平均气压 X_4 可建立如下方程:

$$Y = -1103 + 1.900X_1 - 2.920X_3 + 1.156X_4$$

该方程的方差分析 F 值的显著水平 $P = 0.0002 < 0.05$,各回归系数的偏相关系数的显著水平 $P < 0.05$,方程的相关系数 $R = 0.9349$,$F = 20.8115$。回归系数的绝对值大小关系为:$X_3(2.920) > X_1(1.900) > X_4(1.156)$,表明环境因素中对盘腐的病情指数影响大小顺序为:土壤温度 > 土壤湿度 > 大气平均气压。

2.3　结论与讨论

2.3.1　向日葵菌核萌发、子囊孢子萌发及侵染试验

本试验结果表明:各不同处理对向日葵菌核萌发及长盘具有一定的影响作用,其中菌核在 20 ℃最适宜生长及萌发,且萌发时间较短,培养 40 天时萌发率及长盘率达到最大。土壤含水量为 50%时,在菌核培养第 40 天萌发率及长盘率达到最大。低温处理对缩短菌核萌发时间具有一定的作用,−5 ℃与 −20 ℃处理可使菌核萌发与子囊盘产生量达到最大分别提前 10 天和 5 天,而对菌核萌发数量与子囊盘产生数量没有显著影响。培养基质偏酸性更有利于向日葵菌核的萌发及生长,但也有特殊情况,当培养基质为弱碱性即 pH 值为 8 时也极有利于向日葵菌核的萌发及生长。培养菌核的土壤深度越浅越有利于菌核的萌发及长盘,当土壤深度为 0 cm 时,培养后第 45 天萌芽和长盘数量最大。不同培养基质间的萌发和长盘量差别不大,各不同处理只能够影响到向日葵菌核的萌发长芽及子囊盘发生的时间早晚,而对菌核萌发和子囊盘生长的数量基本没有影响。子囊孢子在 10 ~ 30 ℃之间均可萌发,萌发适宜温度在 15 ~ 25 ℃之间,最适温度为 25 ℃。子囊孢子

在 pH 值为 4～10 范围内均可萌发,最适 pH 值为 7～8,pH 值小于 7 或大于 8 时,子囊孢子萌发率呈明显降低趋势;不同营养条件对核盘菌子囊孢子的萌发影响较大。该试验中,PS、大豆汁、油菜汁和茄子汁可促进孢子的萌发,而 PD 则抑制孢子的萌发。全光照、光暗交替、全黑暗 3 个处理子囊孢子萌发率接近,因此有无光照对子囊孢子萌发无显著影响。子囊孢子在 15～30 ℃ 之间均可侵染寄主使其发病,侵染最适温度在 20～25 ℃ 之间。子囊孢子仅在相对湿度达到 100% 的条件下才可侵染发病。

2.3.2　向日葵菌核病发病规律盆栽试验

盆栽试验结果表明:各不同处理对向日葵菌核病发病具有一定的影响作用。在一定范围内随着菌量增大,各不同处理的感病植株数量有所增加,可以判断在一定的菌量范围内,向日葵发病率与菌量成正比。另外大豆菌核可以感染向日葵使其发病,低浓度的处理(1‰)对向日葵发病无明显作用,随着处理浓度的升高,向日葵的发病率也增高,说明在一定范围内大豆菌核浓度越高,向日葵越容易感病。而在不同土壤 pH 值处理下均有作物感病,说明菌株具有广泛的 pH 值适应范围,另外 pH 值为 5 和 8 的两个处理感病植株数最多,可见土壤 pH 值与向日葵感病情况之间的关系无明显规律。菌核所处的水平及垂直位置对向日葵菌核病发病也有一定的影响,距离作物种子越近,作物越容易感病。

2.3.3　向日葵菌核病发病规律田间试验

本试验结果表明:两品种菌核病发病率及病情指数均随着菌量的增加呈上升趋势,但抗病品种病情增加不如感病品种表现得明显。播期试验结果表明:不同播期对向日葵苗腐的影响较小,两个品种三播期的菌核病苗腐病情间差异均不显著;而播期对盘腐的发生影响较大,两个品种三个播期的盘腐病情差异均极显著,迟播可明显降低盘腐的发生程度。不同种植密度对菌核病苗腐的病情影响不大;而对盘腐来说,种植密度越大,盘腐的病情越重,降低种植密度可以有效减少菌核病盘腐的发生。同时种植密度较高时向日葵产量较低,而适宜地降低种植密度会达到明显的增产效果。向日葵与矮秆作物进行间作,有减轻向日葵菌核病盘腐发病的作用;适当增加矮秆作物的种植垄数,减轻病害发生的效果更好。增加 N 肥有利于田间菌核形成子囊盘和加重菌核病的发生程度,但 P 肥、K 肥对田间菌核形成子囊盘和菌核病发生程度的影响规律尚未得出。对土壤湿度、土壤温度、大气平均相对湿度及大气平均气压等环境因子与病情指数分别进行相关性分析,表明除土壤温度外,其他环境因子与盘腐的病情指数都呈正相关,环境因子中对盘腐的病情指数影响大小关系为:土壤温度 > 土壤湿度 > 大气平均相对湿度 > 大气平均气压;在环境因子中,土壤湿度、土壤温度可能影响子囊盘的萌发和生长,而大气平均相对湿度和大气平均气压可能影响子囊孢子的侵染。

第三章

向日葵核盘菌遗传多样性研究

由于菌核病的寄主十分广泛,因而许多植物受到严重危害。近年来,菌核病的研究越来越受到重视,国外对菌核病的研究主要体现在菌核病致病菌与寄主植物的互作、菌核病抗病品种的筛选、抗病基因的克隆、致病菌的遗传多样性等方面。虽然已经筛选出部分抗菌核病的品种,但尚未发现对菌核病完全免疫的品种。随着分子生物学的迅速发展,分子技术已经成功地应用到了病原菌群体遗传多样性的研究中。SSR 标记技术容易操作,并且具有重复性高等优点,被广泛用于菌核病的遗传多样性研究。本书采用菌丝亲和分组方法结合微卫星分子标记技术对从东北向日葵主产区域采集的向日葵菌核病分离物的遗传多样性进行分析,以期为向日葵抗菌核病育种工作提供理论依据。

3.1 材料与方法

3.1.1 供试菌株

对东北向日葵主产区吉林中西部、西部,黑龙江东部、西北部和内蒙古东部的 27 个市县 77 个乡镇共 208 块向日葵田进行取样。共分离向日葵菌核病染病株 115 株。

3.1.2 供试培养基

PDA 培养基:马铃薯 200 g,葡萄糖 20 g,琼脂 20 g,水 1000 mL,121 ℃高温湿热灭菌 30 min 后备用。

3.1.3 病原菌分离

将采集的菌核经 75% 的乙醇消毒 1~2 min,用无菌水冲洗 3 次,移入装有灭菌的 PDA 的培养皿中,22 ℃培养 3~5 天,用封口膜封好,放入 4 ℃冰箱中保存待用。

3.1.4　仪器与试剂

仪器:立式高速冷冻离心机、PCR 基因扩增仪、微量移液器、8 排微量移液器、电泳仪、水平电泳槽、凝胶成像系统、电子分析天平、超低温冰箱、恒温水浴锅、液氮罐等。试剂:dNTP Mixture,rTaq DNA Polymerase,DNA Marker 2000,Tris - Base,EDTA - 2Na,CTAB,EB 替代染料,30% 的丙烯酰胺储存液(37.5:1,避光保存),1.5 mol/L Tris - HCl 缓冲液(pH = 8.8),0.5 mol/L Tris - HCl 缓冲液(pH = 6.8),10% 的 APS(过硫酸铵),TEMED,1 × Tris - glycine 电泳缓冲液,电泳用琼脂糖(Agarose)。

3.1.5　核盘菌菌丝体亲和组测定方法

将待测菌株在 PDA 平板上活化 2 ~ 3 天,用直径为 5 mm 的打孔器在菌落边缘打取菌饼,用接种针分别挑取菌饼,放入装有 PDA 的培养皿中,每皿接种两个不同菌株做对峙培养,在 22 ℃恒温下暗培养 7 ~ 10 天,记录各培养皿中菌株对峙情况。测定的原则:先对来自同一个区域的菌株进行对峙培养,测定出它们的亲和组。从上述亲和组中任选取一个菌株,分别与其他亲和组的菌株进行亲和性测定。当两个菌落交汇处没有坏死线产生且无空白带出现时,说明这两个菌株亲和,属于一个菌丝亲和组;而当两个菌落间产生明显的对峙带、空白带或者在交汇地区产生气生性菌丝等情况时,表明两个菌株不亲和。每次亲和组试验设 3 次重复,对有疑问的亲和组进行重复验证。

3.1.6　SSR 检测方法

3.1.6.1　核盘菌 DNA 的提取

采用 CTAB 法提取 DNA,具体步骤为:

（1）将 -80 ℃超低温冰箱中保存的核盘菌取出，称取 0.25 g 菌丝，放入灭菌并且预冷后的研钵中，先用液氮迅速冷冻研钵，再次加入液氮充分研磨，将研磨物迅速转移至 1.5 mL EP 管中。

（2）加入事先于 65 ℃水浴锅中预热的 CTAB 提取液 800 μL，在 65 ℃水浴锅中孵育 1 h，每 5 ~ 10 min 颠倒混匀 1 次。

（3）待 EP 管中样品冷却至室温，加入等体积（800 μL）的酚、氯仿、异戊醇（25∶24∶1）混合液，缓慢颠倒混匀 20 min，4 ℃条件下，14000 r/min 离心 10 min。

（4）用移液器轻轻吸取上清液，转移至干净的 EP 管中。加入等体积的氯仿、异戊醇（24∶1）混合液，上下轻轻颠倒混匀 20 min，室温放置 20 min，4 ℃条件下，14000 r/min 离心 10 min。

（5）用移液器小心多次吸取上清液转移至干净的 EP 管中。加入 2.5 倍上清液体积的预冷无水乙醇，缓慢上下颠倒混匀 2 min，置于 -20 ℃下沉淀 1 h 或者过夜充分沉淀。

（6）4 ℃条件下，14000 r/min 离心 10 min，倒掉上清液，注意不要将白色 DNA 沉淀物丢失，加入 750 μL 75% 的乙醇缓慢上下颠倒摇动 1 min，彻底清洗残留的无水乙醇，轻轻转动，使 EP 管中的 DNA 提取物浮于 75% 的乙醇中。

（7）14000 r/min 离心 2 min，倒掉液体后将 EP 管置于超净工作台无菌风下吹 20 min，风干 DNA。

（8）加入 TE 缓冲液 100 μL，溶解 DNA，用 0.8% 的琼脂糖凝胶检测提取的 DNA 的完整性。

（9）PCR 扩增时，将 DNA 母液稀释至 100 ng/μL。

3.1.6.2　SSR 引物的选择

引物的序列信息见表3 - 1。

表 3 – 1　用于遗传多样性分析的 SSR 引物信息

编号	标记登录号	重复序列	引物序列	退火温度/℃	片段长度/bp	等位变异数目
1	AF377899	(TA)5 and (CA)10	CCGAGCCATAATATACATCC AAGGTTATATTTCCCTCGC	50	490~504	4
2	AF377900	(GT)8	GTAACACCGAAATGACGGC GATCACACATGTTTATCCCTGGC	55	318~325	3
3	AF377901	(TTTTTC)2(TTTTTG)2(TTTTTC)	GGGGCAAAGGGCATAAAGAAAAG CAGACAGGATTTATAAGCTTGGTCAC	55	479~484	2
4	AF377902	(GA)14	TTTGCGTATTATGGTGGGC ATGGCGGCAACTCTCAATAGG	55	160~172	4
5	AF377903	(CA)9(CT)9	GCCCGATATGCGACAATGTACACC TCTTCGCAGCTCGACAAGG	55	358~382	4

续表

编号	标记登录号	重复序列	引物序列	退火温度/℃	片段长度/bp	等位变异数目
6	AF377905	(GA)6GG(GA)6(GGGA)2	CTTTCCTTCGTTTGAGGG GGCAGGTAATGTTGCTTGG	55	276~284	3
7	AF377906	(CA)9	CGATAATTTCCCCTCACTTGC GGAAGTCCTGATATCGTTGAGG	55	215~225	4
8	AF377907	(GTGGT)6	TCTACCCAAGCTTCAGTATTCC GAACTGGTAATTGTCTCGG	55	284~304	4
9	AF377908	[(GT)2GAT]3(GT)14GAT (GT)5[GAT(GT)4]3(GAT)3	CAGACGAATGAGAAGCGAAC TTCAAAACAACGCTCCTGG	55	245~320	5
10	AF377909	GT10	CCTGATATCGTTGAGGTCG ATTTCCCCTCACTTGCTCC	55	202~212	5

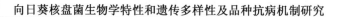

续表

编号	标记登录号	重复序列	引物序列	退火温度/℃	片段长度/bp	等位变异数目
11	AF377910	CA12	CACTCGCTTCTCCATCTCC GCTTGATTAGTTGGTTGGCA	60	251~271	4
12	AF377911	(TTA)9	TCATAGTGACTGCATGATGCC CAGGGATGACTTTGGAATGG	55	345~390	5
13	AF377912	(GT)7GG (GT)5	GACGCCTTGAAGTTCTCTTCC CGAACAAGTATCCTCGTACCG	55	268~278	4
14	AF377913	(TG)10	CTTCTAGAGGACTTGGTTTTGG CGGAGGTCATTGGGAGTACG	60	384~388	3
15	AF377914	CA6(CGCA) CAT2	GAATCTCTGTCCCACCATCG AGCCCATGTTGTTGGTTGTACG	60	415~429	2

续表

编号	标记登录号	重复序列	引物序列	退火温度/℃	片段长度/bp	等位变异数目
16	AF377916	GA9	GCTCTCATACAGTCTACACACA CTCTAGAGGATCTGCTGACA	60	410~414	3
17	AF377917	CA7(TACA)2	CCCTACAATATCCCATGGAGTC CCTCGTCTATCCGTCCATC	60	419~527	2
18	AF377918	TACA10	GTTTTCGGTTGTCTGCTGG GCTCGTTCAAGCTCAGCAAG	60	173~221	7
19	AF377919	(CT)12	TCGCCCTCAGAAGAATCTGCC AGCGCGGTTACAAGGAGATGG	60	374~378	3
20	AF377926	(GTAA)2(GCAA)(GTAA)3	CTCATTTCATCCCATCTCTCC AATTCAAGCCTTCCTCAGCC	55	402~422	2

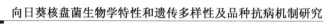
续表

编号	标记登录号	重复序列	引物序列	退火温度/℃	片段长度/bp	等位变异数目
21	AF377921	(CATA)25	TGCATCTCGATGCTTGAATC CCTGCAGGGAGAAACATCAC	55	491~571	10
22	AF377922	(TATG)9	ATCCCTAACATCCCTAACGC GGAGAATTGAAGAATTGAATGC	55	362~378	5
23	AF377923	(AGAT)14 (AAGC)4	GCTCCTGTATACCATGTCTTG GGACTTTCGGACATGATGAT	55	351~391	8
24	AF377924	(TAC)6 C(TAC)3	TCAAGTACAGCATTTGC TTCCAGTCATTACCTACTAC	48	376~388	2
25	AF377925	(GTAT) 6(TACA)5	GTAACAAGAGACCAAAATTCGG TGAACGAGCTGTCATTCCC	60	369~391	3

3.1.6.3　PCR 反应体系

PCR 分析使用的是 EasyTaq 聚合酶,反应体系见表 3 - 2。

表 3 - 2　向日葵核盘菌 PCR 反应体系

反应体系组分	体积/μL
基因组 DNA(总量 100 ng)	1.0
10 × PCR 缓冲液	2.0
2 μmol/L 正向引物	1.5
2 μmol/L 反向引物	1.5
2 mmol/L dNTPs	1.5
EasyTaq(5 Units/μL)	0.5
ddH_2O	12.0
总共	20.0

3.1.6.4　PCR 反应程序

95 ℃变性 5 min(94 ℃变性 30 s,48 ℃退火 30 s,72 ℃延伸 30 s;35 个循环),最后 72 ℃延伸 5 min,16 ℃保存扩增样品。

3.1.6.5　基因型分析

12% 的分离胶配制(10 mL):

向 50 mL 烧杯中依次加入 3.43 mL 双蒸水、4 mL 30% 的丙烯酰胺、

1.5 mol/L Tris – HCl 缓冲液（pH = 8.8）2.5 mL、10% 的 APS 60 μL、TEMED 13 μL。

12% 的浓缩胶配制（5 mL）：

向 10 mL 烧杯中依次加入双蒸水 3 mL、30% 的丙烯酰胺 700 μL、1.5 mol/L Tris – HCl 缓冲液（pH = 8.8）1.25 mL、10% 的 APS 25 μL、TEMED 20 μL。

灌分离胶之后在胶面上加入 1 mL 水保证胶面的平整,室温下放置 20 min 左右至分离胶充分凝固,灌浓缩胶之后立即插上 50 孔的梳子。浓缩胶凝固时间很短（5 min 左右）,待浓缩胶凝固好后将梳子拔出,安装玻璃胶板于电泳槽上,充分夹紧防止漏液。将 PCR 扩增产物加样于非变性聚丙烯酰胺凝胶点样孔中,开电源进行电泳,电泳条件为 200 V 电压 2 ~ 3 h（具体时间根据目标片段大小而定）。电泳结束后将胶置于 EB 替代物染料溶液中染色 15 min,用蒸馏水洗去残留的 EB 替代物染料,于 DNA 凝胶成像系统中成像并统计带型。

3.1.6.6　遗传多样性的统计分析

根据 SSR 标记的聚丙烯酰胺凝胶电泳结果,统计扩增出的多态性条带,将有条带的等位变异分别记为 1、2、3……,没有条带的记为 0,计算参试核盘菌群体的 PPB（多态性比例）、平均等位基因个数（N_a）、有效等位基因个数（N_e）、基因多样性指数（H）、基因分化系数（G_{st}）、群体间的基因流动值（N_m）等遗传多样性相关参数。最后用 NTSYS 软件分别对不同群体以及供试的总计 115 个核盘菌菌株进行聚类分析。

3.2　结果与分析

3.2.1　核盘菌菌丝体亲和组测定结果

115 个供试菌株在 PDA 培养基上两两配对的结果可分为两类:亲和与

不亲和。如果配对两菌株的菌丝间能相互融合，交互地区无明显的拮抗带形成，如图3-1A~C，则判定为亲和；交互地区如果出现如图3-1中D~F的几种情况，则判定为不亲和。

对115株供试菌株进行亲和分组测定，共分成35个亲和组，如表3-3所示。其中有9个亲和组仅包含1个菌株；最大的亲和组为MCG23，包含12个菌株，分别由来自黑龙江穆棱、鸡西、林口3个地区的菌株组成；其他的亲和组分别由2~7个菌株组成。采取菌丝融合群的方法对115株供试菌株进行亲和分组测定，结果表明，采集自内蒙古的菌株不亲和，主要表现为内蒙古的菌株被分在了单一的亲和组，吉林和黑龙江部分地区的核盘菌菌株存在着丰富的多样性，同一地区内的菌株可分成不同的亲和组，即使在同一地区同一田块采集的菌株也被分在了不同的亲和组内（哈尔滨民主的3个菌株被分在了1、2两个不同的亲和组，糖研试验地的3个菌株被分在了1、3两个不同的亲和组）。

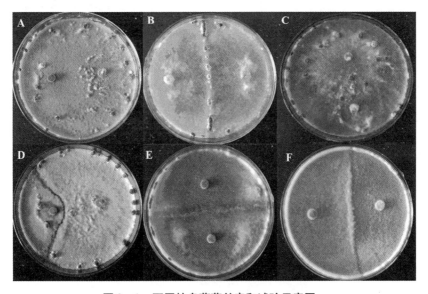

图3-1　不同核盘菌菌丝亲和试验示意图

注：A表示相同菌株的配对亲和，B、C表示不同菌株间配对亲和的情况（菌落正面），D~F表示接种7天后不同菌株配对菌丝间不亲和的几种情况（菌落正面）。

表3－3　不同菌丝亲和组试验统计

亲和组	菌株数目	菌株编号	来源
1	5	1,2,4,5,27	哈尔滨民主,糖研,甘南县
2	5	3,7,8,9,80	哈尔滨民主,呼兰,公主岭
3	7	6,10,11,12,13,15,19	糖研,甘南县,大庆
4	3	16,17,18	黑龙江省农垦科学院
5	7	20,21,22,23,24,25,26	甘南县
6	3	28,29,30	呼伦贝尔市阿荣旗
7	1	31	呼伦贝尔市汉古尔河镇
8	1	32	呼伦贝尔市莫旗胜利村
9	1	33	呼伦贝尔市莫旗胜利村
10	4	34,36,37,38	讷河
11	4	39,40,41,42	依安
12	3	35,43,44	讷河,克山
13	3	45,46,69	富裕,穆棱
14	1	47	克东县克东镇
15	2	48,49	拜泉
16	2	50,51	北安
17	1	52	五大连池

续表

亲和组	菌株数目	菌株编号	来源
18	1	53	格球山
19	2	54,55	嫩江
20	2	56,57	海伦
21	4	58,59,60,61	望奎,穆棱,青冈,兰西
22	2	62,63	牡丹江
23	12	64,65,66,67,68,70, 71,72,73,77,78,79	穆棱,鸡西,林口
24	1	74	桦南县幸福乡
25	2	75,76	七台河市,勃利县
26	2	81,82	吉林公主岭
27	1	83	扶余县三井子镇
28	4	84,85,86,87	松原市
29	7	88,89,90,91,92,93,107	大安市,长岭县
30	2	94,95	白城
31	1	96	白城市穆家店
32	6	97,98,99,100,101,115	洮南,通榆县,乾安
33	5	102,103,104,105,106	通榆县

续表

亲和组	菌株数目	菌株编号	来源
34	3	108,109,110	前郭县,乾安县
35	4	111,112,113,114	牡丹江

3.2.2 SSR 引物筛选结果

如图 3-2 所示,对 PCR 反应体系和条件优化后,25 对 SSR 引物中有 17 对能扩增出单一明亮的条带,剩余 8 对 SSR 引物没有扩增产物(AF377905、AF377912、 AF377913、 AF377914、 AF377916、 AF377917、 AF377926、AF377924),并且每对引物的扩增片段大小是不一样的,范围为 100 ~ 500 bp。因此,这 17 对引物可以用于后续的 SSR 分析。

M 1 2 3 4 5 6 7 8 9 10 11 12 13 14 15 16 17 18 19 20 21 22 23 24 25

AF377899 AF377905 AF377900 AF377912 AF377901 AF377902 AF377903 AF377906 AF377913 AF377907 AF377908 AF377909 AF377910 AF377911 AF377914 AF377918 AF377919 AF377921 AF377922 AF377925 AF377923 AF377916 AF377917 AF377926 AF377924

图 3-2 25 对不同 SSR 标记的 PCR 产物琼脂糖凝胶电泳

3.2.3 SSR-PCR 扩增结果

供试的 115 株向日葵菌核病菌株用 17 对 SSR 标记分别进行 PCR 扩增,聚丙烯酰胺凝胶电泳后条带清晰、多态性丰富,并且每个 SSR 标记扩增的等位变异数目是不一样的,如图 3－3 所示。统计分析结果显示:17 对引物理论上可以扩增出 80 个多态性等位变异,最少的有 2 个等位变异(引物 AF377901),最多的有 10 个等位变异(引物 AF377921),平均每个标记的等位变异数目为 4.7 个,17 对 SSR 标记对 115 个核盘菌菌株实际扩增出 66 个多态性片段,平均多态性片段比例为 83.2%,每个标记的多态性比率在 66.7%～100% 之间,说明这 17 对 SSR 标记的扩增多态性较好,如表 3－4 所示。

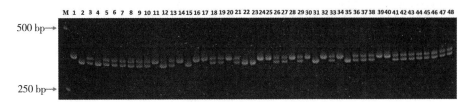

图 3－3 SSR 标记 AF377901 的扩增产物聚丙烯酰胺凝胶电泳图

表 3－4 17 对有扩增条带的 SSR 标记的扩增片段多态性

SSR 标记	样本大小	等位变异数目	多态性片段数目	多态性片段比例/%
AF377899	115	4	4	100
AF377900	115	3	3	100
AF377901	115	2	2	100
AF377902	115	4	3	75
AF377903	115	4	3	75
AF377906	115	4	3	75
AF377907	115	4	3	75
AF377908	115	5	4	80

续表

SSR 标记	样本大小	等位变异数目	多态性片段数目	多态性片段比例/%
AF377909	115	5	4	80
AF377910	115	4	3	75
AF377911	115	5	4	80
AF377918	115	7	6	85
AF377919	115	3	3	100
AF377921	115	10	8	80
AF377922	115	5	4	80
AF377923	115	8	7	87.5
AF377925	115	3	2	66.7
平均	115	4.7	3.88	83.2

3.2.4 核盘菌分离物群体的遗传多样性统计结果

　　根据这 115 个核盘菌所处的地区分析其遗传多样性发现:遗传多样性水平总体呈现比较丰富的状态,说明 SSR 技术是研究核盘菌遗传多样性的有效手段。遗传多样性指数介于 0 ~ 0.6641 之间。遗传多样性指数最高的为黑龙江群体,为 0.6501。其次是吉林群体,遗传多样性指数为 0.4061。最低的是内蒙古群体,遗传多样性指数为 0.2117,这可能与内蒙古群体的菌株数目较少有关系。随着样本采集地点和各点菌株数量的增多,核盘菌在同一地理种群下的变异增多,表明各点样本的增加提高了多样性水平,证明不同菌株间存在一定程度的遗传变异,如表 3 - 5 所示。

表 3-5 不同地理来源核盘菌群体间遗传多样性分析

群体	菌株数	多态性位点	PPB/%	N_a	N_e	H	遗传多样性指数
黑龙江	73	66	100.0	2.000	1.8549	0.4582	0.6501
吉林	36	50	75.7	1.757	1.5372	0.2804	0.4061
内蒙古	6	24	36.3	1.363	1.2475	0.1450	0.2117

3.2.5 核盘菌分离物群体的聚类和进化分析结果

根据核盘菌分离物地理来源不同,将取样于不同地区的向日葵核盘菌菌株分为 3 个群体,对基于遗传距离 Nei 氏系数的核盘菌遗传多样性进行分析,如表 3-6 所示。结果显示:不同地理来源的核盘菌群体间的遗传距离差异不大,遗传距离指数从 0.3544 到 0.7832,相对变化较小,并且遗传相似性系数变化范围为 0.0945~0.6936,相对变化非常大。来自黑龙江的群体与来自内蒙古的群体之间的遗传距离最远,并且它们的遗传相似性最低,说明这两个群体之间具有明显的遗传多样性。最终将 115 个核盘菌分离物根据取样地区的不同分成 3 个组别,即黑龙江组、吉林组和内蒙古组。利用 Powermarker 3.25 软件对来源于这 3 个地区的核盘菌菌株绘制树状聚类图,如图 3-4 所示。

表 3 - 6　核盘菌群体的遗传相似性以及遗传距离

群体	黑龙江	吉林	内蒙古
黑龙江	＊＊＊＊	0.6936	0.2547
吉林	0.3544	＊＊＊＊	0.0945
内蒙古	0.7832	0.4288	＊＊＊＊

注：＊＊＊＊上方为 Nei 遗传相似性，＊＊＊＊下方为 Nei 遗传距离。

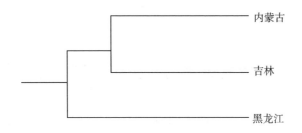

图 3 - 4　向日葵核盘菌群体的树状聚类结果

3.2.6　核盘菌分离物个体的聚类和进化分析结果

运用 NTSYS 软件对供试的 115 个核盘菌菌株进行整体聚类，如图 3 - 5 所示。聚类结果显示了供试菌株间丰富的遗传多样性，通过与 MCGs 结果结合分析发现：聚类结果与 MCGs 里的核盘菌菌株具有很高的一致性，如菌株 33、74、83 聚类结果为单一的分支，与之对应的分别为独立菌株组成的 MCG9、MCG24、MCG27 亲和组；菌株 64、65、66、67、68、70、71、72、74、77、78、79 聚成一组，该聚类结果与它们都属于拥有菌株最多的 MCG23 是相互吻合的。聚类结果与亲和组分析结果在一定程度上的一致性说明了遗传对菌株亲和性的决定性。

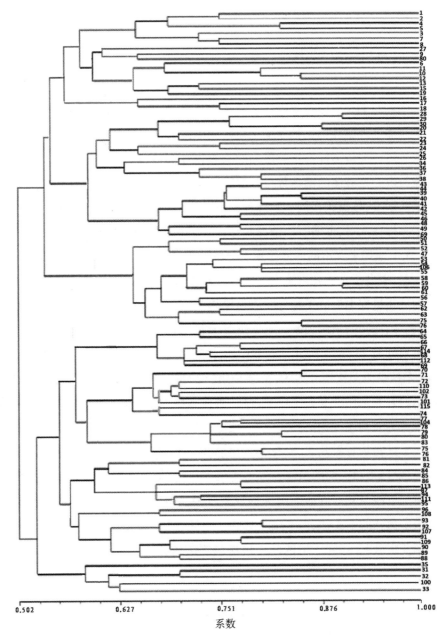

图 3-5 供试的 115 个向日葵核盘菌菌株遗传聚类结果

3.3　结论与讨论

本章对 115 个核盘菌进行了遗传多样性的研究,结果表明:遗传多样性水平总体呈现比较丰富的状态,说明 SSR 技术是研究核盘菌遗传多样性的有效手段。遗传多样性指数最高的为黑龙江群体,最低的是内蒙古群体,这可能与内蒙古群体的菌株数目较少有关系。随着样本采集地点和各点菌株数量的增多,核盘菌在同一地理种群下的变异增多,表明各点样本的增加提高了多样性水平,证明不同菌株间存在一定程度的遗传变异。

3 个地理来源不同的群体聚类分析结果显示:来自于黑龙江的菌株聚类在一起,来自于吉林和内蒙古的菌株分别聚成一类,说明核盘菌分离物在长期的进化过程中形成了特有的遗传结构。真菌的营养亲和性在一定程度上反映了菌株间的亲缘关系。王玉杰等人将来自于中国不同地区的 112 个核盘菌划分为 29 个亲和组。本书中将来自黑龙江、吉林和内蒙古等地区的115 个核盘菌菌株划分为 35 个亲和组,说明在我国引起向日葵菌核病的核盘菌的营养亲和群变异比较大,存在遗传多样性。一般而言,来源相同的菌株具有更大的遗传相似性。

本试验是对黑龙江、吉林和内蒙古不同地理来源的菌株进行组合配对培养,地理来源不同的菌株大多不能聚在一组,但是来源于不同地区的个别菌株却可能与其他群体的菌株形成亲和组,说明地理来源在一定程度上能够决定菌株的亲和性,但不是绝对的。同样,同一地区内的菌株可分成不同的亲和组,即使在同一地区同一田块采集的菌株也可能被分在不同的亲和组内。

第四章

向日葵菌核病抗病性鉴定
及菌株致病力分化研究

由于生产上缺少良好的抗原育种材料,对抗病品种的筛选尚没有统一简便的方法,我国向日葵菌核病以盘腐型为主,因此本书旨在通过田间试验,建立一种简便易行的向日葵盘腐病接种鉴定方法,为抗病育种工作及抗性品种资源的筛选提供理论依据。而关于核盘菌是否存在致病性分化,前人研究结果各有不同。本书仅对黑龙江、吉林、内蒙古 3 个地区内的 115 株核盘菌(35 个亲和组)的致病力、菌丝生长速度、产生草酸的量及总酸的 pH 值进行测定,并探寻菌株致病力与菌株生长速度、产生草酸的量及产生总酸的 pH 值几个因子间的相关性,明确核盘菌种群内是否存在致病性分化,以及这种分化与菌株来源是否有关,从而为向日葵菌核病的防治和抗病育种提供依据。

4.1　材料与方法

4.1.1　向日葵菌核病品种抗性鉴定

4.1.1.1　供试品种

丰葵杂 1 号(抗病),7101(感病),74 个向日葵品种用于抗病筛选,由体系病虫害研究室统一提供。

4.1.1.2　供试菌株

向日葵核盘菌采自田间自然发病花盘上的菌核,经分离纯化获得混合菌种。

4.1.1.3　培养基

PDA 培养基:马铃薯 200 g,葡萄糖 20 g,琼脂 20 g,水 1000 mL,121 ℃高温湿热灭菌 30 min 后备用。

4.1.1.4　接种物的制备

孢子悬浮液:用4%的次氯酸钙对向日葵菌核表面消毒10 min,无菌水冲洗3次,埋入湿的灭菌沙中,置于4 ℃的冰箱中保存。7周后取出洗净并对表面消毒,无菌水冲洗,置于发芽盒中的沙层上保湿培养。待菌核产盘后,用小吸尘器收集子囊孢子。将收集的子囊孢子稀释,配制成所需浓度的孢子悬浮液。

PDA菌丝体悬浮液:将核盘菌菌株接种在装有15 mL PDA培养基的培养皿中,25 ℃条件下培养10天,去除菌核后,将PDA菌饼粉碎,每皿按15 g计算,加入灭菌水配制成菌丝悬浮液。

4.1.1.5　接种量试验

将菌丝悬浮液(10 g/L、15 g/L、20 g/L、25 g/L)均匀喷洒在花盘正面,每个花盘定量5 mL,始花期每个处理接种10个花盘,3次重复。然后用牛皮纸袋套住花盘,4周后揭开纸袋进行病害调查。

孢子悬浮液接种:将孢子悬浮液(1000个每毫升、5000个每毫升、8000个每毫升、10000个每毫升)均匀喷洒在花盘正面,每个花盘定量5 mL,始花期每个处理接种10个花盘,3次重复。然后用牛皮纸袋套住花盘,4周后揭开纸袋进行病害调查。

4.1.1.6　接种方法试验

始花期接种,采用PDA菌丝体悬浮液(15 g/L)和孢子悬浮液(5000个每毫升),均匀喷洒在花盘正面,每个花盘定量5 mL,每个处理接种10个花盘,3次重复。处理方法:牛皮纸袋保湿2天、4天;黑塑料袋保湿2天、4天;接种未罩袋。对照为未接种未罩袋,接种4周后调查记录每个花盘的病情级别,计算发病率和病情指数。

4.1.1.7　接种期试验

试验品种为7101和丰葵杂1号在始花期和盛花期两个时期进行接种,

采用 PDA 菌丝体悬浮液(15 g/L)和孢子悬浮液(5000 个每毫升),均匀喷洒在花盘正面,每个花盘定量 5 mL,每个处理接种 10 个花盘,3 次重复。然后用牛皮纸袋套住花盘,4 周后揭开纸袋进行病害调查。

4.1.1.8 盘腐型菌核病的抗性鉴定

用 PDA 菌丝悬浮液于始花期进行接种,每个品种接种 10 个花盘,均匀喷洒在花盘正面,浓度为 15 g/L,每个花盘定量 5 mL。接种后用牛皮纸袋套住花盘。试验采用随机区组排列的方法,小区为 7 m ×1.4 m(2 垄),3 次重复,每个小区种植 1 个向日葵品种。垄距为 70 cm,垄上埯播,株距为 50 cm。在接种 4 周后揭开纸袋进行病害调查。

4.1.1.9 病情分级标准及计算方法

0 级,无症状;1 级,病斑占花盘面积 <25%;2 级,25%≤病斑占花盘面积 <50%;3 级,50%≤病斑占花盘面积 <75%;4 级,病斑占花盘面积≥75%。向日葵品种的抗性评价标准:抗,病情指数 <10;中抗,10≤病情指数 <30;中感,30≤病情指数 <50;感,50≤病情指数 <75;高感,病情指数≥75。

$$病情指数 = \frac{\sum(各级别花盘数×相对级数值)}{调查总花盘数×最高病级} ×100\%$$

$$发病率 = \frac{发病花盘数}{处理总花盘数} ×100\%$$

4.1.2 核盘菌菌株致病力研究

4.1.2.1 供试向日葵品种

抗病品种丰葵杂 1 号。

4.1.2.2　供试菌株

对东北向日葵主产区吉林中西部、西部,黑龙江东部、西北部和内蒙古东部的 27 个市县 77 个乡镇共 208 块向日葵田进行取样,共分离向日葵菌核病染病株 115 株。对 115 个菌株经过菌丝融合群试验的方法进行了亲和分组测定,共分成 35 个亲和组。

4.1.2.3　菌株培养

将活化好的核盘菌菌株接种到 PDA 培养基上,放于恒温培养箱中 25 ℃黑暗培养,待菌落长至培养皿直径的 80% 时备用。

4.1.2.4　离体叶片法测定核盘菌的致病性

取长方形塑料盘,用 75% 的酒精棉擦拭盘面,在盘底部铺两层灭菌的湿润滤纸。取苗龄为 30 天、长势及面积较为一致的丰葵杂 1 号叶片,用无菌水冲洗干净,然后将叶片均匀地置于塑料盘内的湿润滤纸上,叶片背面朝上。用打孔器在菌落的边缘打取直径为 4 mm 的菌丝块接种在叶片主叶脉的两侧,每个处理 3 个叶片,每个叶片接种 1 个菌丝块,用保鲜膜封住塑料盘,置于恒温(23 ~ 25 ℃)恒湿培养箱中培养。48 h 后观察发病情况并拍照,用十字交叉法量取病斑直径大小,进行方差分析。

4.1.2.5　菌株生长速率法测定核盘菌的不同亲和组生长速度

菌株生长速率法:将纯化的菌株接入含 50 mg/L 溴酚蓝(BPB)的 PDA平板上,培养 2 ~ 3 天后,于菌落边缘取 7 mm 的菌碟,转至含 50 mg/L BPB的 PDA 平板的中央,接种后的培养皿用封口膜封好,放于恒温(23 ~ 25 ℃)培养箱中黑暗培养 48 h 后,测量菌落直径,各菌株重复 3 次。

4.1.2.6　菌株产草酸量和 pH 值测定

于菌落边缘取 10 mm 的菌碟,转至 50 mL 锥形瓶中(含 30 mL PDB,2%的葡萄糖和 0.4% 的马铃薯液,用蒸馏水配制),室温静置培养 3 天。真空抽滤,得到的菌丝体在鼓风干燥箱中干燥至恒重,并称量菌丝体的干重。上清液用于草酸含量和 pH 值的测定。配制的反应液包含:0.2 mL 样品液,0.11 mL BPB(1 mmol/L),0.198 mL 硫酸(1 mol/L),0.176 mL 重铬酸钾(100 mmol/L),4.8 mL 蒸馏水。将混合物放入 60 ℃的水浴锅中,10 min 后,用 0.5 mL 氢氧化钠(1 mol/L)溶液终止反应。测定 600 nm 处的吸光值,以 PDB 溶液作为对照。通过标准曲线计算出草酸含量。

4.2　结果与分析

4.2.1　向日葵菌核病品种抗性鉴定

4.2.1.1　接种量试验结果

不同浓度菌丝体悬浮液接种试验结果如表 4 - 1 所示。感病品种的平均发病率为 100%,平均病情指数为 89.2 ~ 100;抗病品种的平均发病率为 13.3% ~ 40%,平均病情指数为 3.3 ~ 16.7。抗病品种菌核病的发病率和病情指数均极显著低于感病品种,丰葵杂 1 号的接种浓度为 20 g/L、25 g/L 两个处理的病情指数和发病率均显著高于其他处理,感病品种各处理间差异不显著。抗感品种发病率与病情指数均明显高于对照。

表4-1 不同浓度菌丝体悬浮液接种试验结果

品种	处理	I		II		III		平均	
		发病率/%	病情指数	发病率/%	病情指数	发病率/%	病情指数	发病率/%	病情指数
丰葵杂1号	0 g/L	0	0	0	0	0	0	0	0C
	10 g/L	20	2.5	10	5	10	2.5	13.3	3.3B
	15 g/L	20	7.5	20	5	10	5	16.6	5.8B
	20 g/L	20	15	20	10	40	15	26.7	13.3A
	25 g/L	30	15	40	15	50	20	40	16.7A
7101	0 g/L	20	15	14.3	8.9	21.4	14.3	18.6	12.7B
	10 g/L	100	87.5	100	90	100	90	100	89.2A
	15 g/L	100	95	100	90	100	95	100	93.3A
	20 g/L	100	95	100	95	100	95	100	95A
	25 g/L	100	100	100	100	100	100	100	100A

注：表中大写字母表示0.01水平的差异显著性，下同。

不同浓度孢子悬浮液接种试验结果如表4-2所示。感病品种接种1000个每毫升的处理发病率为93.3%，其他处理发病率均达100%，平均病情指数为70.8~100；抗病品种的平均发病率为10%~33.3%，平均病情指数为3.3~20.8。抗病品种丰葵杂1号的发病率和病情指数均极显著低于感病品种7101，抗病品种5000个每毫升、8000个每毫升和10000个每毫升3个处理的病情指数和发病率差异不显著，感病品种各处理间病情指数差异显著。抗感品种发病率与病情指数均明显高于对照。

表4－2　不同浓度孢子悬浮液接种试验结果

品种	处理/个每毫升	I		II		III		平均	
		发病率/%	病情指数	发病率/%	病情指数	发病率/%	病情指数	发病率/%	病情指数
丰葵杂1号	0	0	0	0	0	0	0	0	0C
	1000	10	2.5	10	2.5	10	5	10	3.3B
	5000	30	18.8	20	15.2	30	18.8	26.7	17.6A
	8000	30	19.5	30	18.8	30	19.5	30	19.3A
	10000	40	21.2	20	12.8	40	28.5	33.3	20.8A
7101	0	20	15	14.3	8.9	21.4	14.3	18.6	12.7C
	1000	90	67.5	90	75	100	70	93.3	70.8B
	5000	100	85	100	80	100	85	100	83.3A
	8000	100	95	100	90	100	90	100	91.7A
	10000	100	100	100	100	100	100	100	100A

4.2.1.2　接种方法试验结果

不同接种方法(菌丝体悬浮液)试验结果如表4－3所示。感病品种7101所有罩袋保湿处理的发病率均达100%,病情指数均高于70%,保湿时间2天即可有效发病。统计分析表明:袋的材质及保湿时间对发病程度的影响差异不显著,但保湿处理的发病程度均显著高于不保湿处理。抗病品种丰葵杂1号试验结果:保湿2天和4天的发病程度差异不显著。牛皮纸袋处理的发病程度显著高于未罩袋和黑塑料袋处理。

表4-3　不同接种方法(菌丝体悬浮液)的试验结果

品种	处理	I		II		III		平均	
		发病率/%	病情指数	发病率/%	病情指数	发病率/%	病情指数	发病率/%	病情指数
丰葵杂1号	牛皮纸袋保湿2天	10	7.5	20	15.3	30	17.4	20	13.4A
	牛皮纸袋保湿4天	20	15	20	10	40	15	26.7	13.3A
	黑塑料袋保湿2天	10	7.5	20	10.4	20	12.5	16.7	10.1B
	黑塑料袋保湿4天	10	5	10	7.5	20	12.5	13.3	8.3B
	接种未罩袋	0	0	10	7.5	10	10	6.7	5.8C
	未接种未罩袋	0	0	0	0	0	0	0	0D

续表

品种	处理	I		II		III		平均	
		发病率/%	病情指数	发病率/%	病情指数	发病率/%	病情指数	发病率/%	病情指数
7101	牛皮纸袋保湿2天	100	72.5	100	78.5	100	75	100	75.3A
	牛皮纸袋保湿4天	100	85	100	72.5	100	72.5	100	76.7A
	黑塑料袋保湿2天	90	70	100	78.5	100	72.5	96.7	73.7A
	黑塑料袋保湿4天	100	70	100	85	100	75	100	76.7A
	接种未罩袋	50	35	60	46.8	70	45.5	60	42.4B
	未接种未罩袋	20	15	14.3	8.9	21.4	14.3	18.6	12.7C

不同接种方法(孢子悬浮液)的试验结果如表4-4所示。感病品种7101试验结果:所有罩袋保湿处理的发病率均达100%,病情指数均高于70%,保湿2天即可有效发病。统计分析表明:袋的材质及保湿时间对发病程度的影响差异不显著,但保湿处理的发病均显著高于不保湿处理。抗病品种丰葵杂1号试验结果:保湿2天和4天的发病程度差异不显著。牛皮纸袋处理的发病程度显著高于未罩袋和黑塑料袋处理。

表4-4 不同接种方法(孢子悬浮液)的试验结果

品种	处理	I		II		III		平均	
		发病率/%	病情指数	发病率/%	病情指数	发病率/%	病情指数	发病率/%	病情指数
丰葵杂1号	牛皮纸袋保湿2天	30	17.4	20	15.2	30	18.8	26.7	17.1A
	牛皮纸袋保湿4天	30	18.8	30	19.5	30	18.8	30	19A
	黑塑料袋保湿2天	20	15	20	15	30	22.9	23.3	17.6A
	黑塑料袋保湿4天	20	7.1	20	16.7	20	12.5	20	12.1B
	接种未罩袋	10	7.5	10	5	10	5	10	5.8C
	未接种未罩袋	0	0	0	0	0	0	0	0D

续表

品种	处理	I		II		III		平均	
		发病率/%	病情指数	发病率/%	病情指数	发病率/%	病情指数	发病率/%	病情指数
7101	牛皮纸袋保湿2天	100	72.5	100	72.5	100	75	100	73.3A
	牛皮纸袋保湿4天	100	77.5	100	75	100	72.5	100	75A
	黑塑料袋保湿2天	100	75	100	78.1	100	69.4	100	74.2A
	黑塑料袋保湿4天	100	70	100	75	100	75	100	73.3A
	接种未罩袋	70	45	70	45	70	42.5	70	44.2B
	未接种未罩袋	20	15	14.3	8.9	21.4	14.3	18.6	12.7C

4.2.1.3 接种时期试验结果

接种 4 周后,对各小区进行调查,并计算出各小区的病情指数和发病率。采用两种接种物对向日葵花盘进行接种,如表 4-5 所示。抗病品种在始花期接种的病情指数为 5.8~17.6,发病率为 16.6%~26.7%;在盛花期接种的病情指数为 3.3~6.7,发病率为 6.7%~10%。感病品种在始花期接种的病情指数为 83.3~93.3,发病率为 100%;在盛花期接种的病情指数为 17.6~22.5,发病率为 23.3%~30%。应用 DPS 数据处理软件对试验数据进行统计分析,抗感品种在始花期接种的发病程度均极显著高于盛花期。

表 4-5　两种接种物接种期试验结果

接种物种类	接种量	重复	始花期（丰葵杂1号）		盛花期（丰葵杂1号）		始花期（7101）		盛花期（7101）	
			发病率/%	病情指数	发病率/%	病情指数	发病率/%	病情指数	发病率/%	病情指数
PDA菌丝体	5 mL	Ⅰ	20	7.5	10	5	100	95	20	15.8
		Ⅱ	20	5	0	0	100	90	30	21.2
	15 g/L	Ⅲ	10	5	10	5	100	95	20	15.8
		平均	16.6	5.8A	6.7	3.3B	100	93.3A	23.3	17.6B
孢子悬浮液	5 mL	Ⅰ	30	18.8	10	5	100	80	20	14.6
	5000个每毫升	Ⅱ	20	15.2	10	7.5	100	85	40	28.8
		Ⅲ	30	18.8	10	7.5	100	85	30	24.2
		平均	26.7	17.6A	10	6.7B	100	83.3A	30	22.5B

4.2.1.4　向日葵品种对盘腐型菌核病的抗病性

经接种鉴定,74 个参试品种中对盘腐表现为抗的有 13 份,包括赤 CY101、57151 * 52284、新食葵 9 号、赤葵 3006、赤葵 2 号、赤葵 3009、NKY03-4、科阳 1 号、龙食葵 3 号、龙食葵 2 号、JK518、JK578、JK108

（BC11-2）；中抗的有 21 份，包括新葵 20 号、新葵 22 号、赤 CY102、龙葵杂 7 号、LS06-9、YS14A*Z08-34、油 A6、油 A5、S31、S18、MSG、辽丰 F53、NKY03-1、NKY03-3、NKY03-7、NKY03-8、LSK15、巴葵 138、油食 2、宁食 葵 1 号、NK03-2；中感的有 14 份；感病的有 15 份；高感的有 11 份。如表 4-6 所示。综合前两年的鉴定结果，对菌核病表现为中抗以上的品种有赤 CY101、赤葵 2 号、龙食葵 3 号、龙食葵 2 号、科阳 1 号、赤 CY102、S18 7 个 品种。

表4-6 向日葵不同品种抗菌核病（盘腐）接种鉴定结果

序号	品种	病情指数	抗性评价	序号	品种	病情指数	抗性评价
1	新葵 20 号	30	中抗 MR	18	NKY03-6	90	高感 HS
2	新葵 22 号	25	中抗 MR	19	NKY03-7	12.5	中抗 MR
3	赤 CY101	5	抗 R	20	NKY03-8	20	中抗 MR
4	赤 CY102	17.5	中抗 MR	21	NKY03-9	40	中感 MS
5	赤 CY103	70	感 S	22	JK103	65.6	感 S
6	赤 CY105	65	感 S	23	JK578	5	抗 R
7	伊葵杂 3 号	100	高感 HS	24	JK518	2.5	抗 R
8	LS06-9	22.5	中抗 MR	25	3638C	100	高感 HS
9	F08-2	55	感 S	26	赤葵 5002	57.5	感 S
10	S31	12.5	中抗 MR	27	新葵杂 7 号	70	感 S
11	S65	90	高感 HS	28	赤葵 3006	10	抗 R
12	S18	15	中抗 MR	29	赤葵 3009	2.8	抗 R
13	S67	95	高感 HS	30	陇葵杂 1 号	33.3	中感 MS
14	MSG	15	中抗 MR	31	陇葵杂 2 号	55	感 S
15	NKY03-3	15	中抗 MR	32	新食葵 6 号	38.9	中感 MS
16	NKY03-4	2.5	抗 R	33	AR2-1216	42.5	中感 MS
17	NKY03-5	65	感 S	34	NKY03-2	32.5	中感 MS

续表

序号	品种	病情指数	抗性评价	序号	品种	病情指数	抗性评价
35	NKY03－1	21.4	中抗 MR	58	油食 2	12.5	中抗 MR
36	AR7－6660	75	感 S	59	科阳 1 号	2.5	抗 R
37	JK102	61.4	感 S	60	科阳 7 号	62.5	感 S
38	LSK14	50	中感 MS	61	甘 10138	40	中感 MS
39	LSK15	15	中抗 MR	62	赤葵 2 号	2.5	抗 R
40	NK03－2	27.8	中抗 MR	63	巴葵 29	82.5	高感 HS
41	5009	72.5	感 S	64	垦油 8 号	35	中感 MS
42	H5/46	42.5	中感 MS	65	巴葵 138	25	中抗 MR
43	H16/48	50	中感 MS	66	57151＊52284	2.5	抗 R
44	H4/46	40	中感 MS	67	JK106（BC11－1）	100	高感 HS
45	H41/42	80	高感 HS				
46	SC82	70.8	感 S	68	JK108（BC11－2）	2.5	抗 R
47	SC89	90	高感 HS				
48	SP12－6	90	高感 HS	69	赤 C8368	83.3	高感 HS
49	3639	60	感 S	70	油 A6	22.5	中抗 MR
50	813	55	感 S	71	油 A5	20	中抗 MR
51	辽丰 F53	20	中抗 MR	72	YS14A＊Z08－34	25	中抗 MR
52	龙食葵 3 号	2.5	抗 R				
53	龙食葵 2 号	2.5	抗 R	73	YS14A＊Z08－24	45	中感 MS
54	宁食葵 1 号	13.9	中抗 MR				
55	龙葵杂 7 号	12.5	中抗 MR	74	YS14＊Z08－10	45	中感 MS
56	新食葵 9 号	7.5	抗 R				
57	赤葵 12－8	32.5	中感 MS				

4.2.2 核盘菌菌株致病力研究结果

4.2.2.1 不同亲和组核盘菌致病力测定试验结果

将菌碟贴接离体向日葵叶片,经保湿培养,12 h 后在叶片上即可出现明显的水浸状病斑,随保湿时间的延长,病斑生长迅速。如表 4 - 7 所示,侵染48 h 后 MCG27(4.62 cm)和 MCG26(4.51 cm)的病斑直径较大;MCG28(3.75 cm)和 MCG1(3.44 cm)的病斑直径居中;而 MCG21(1.08 cm)和MCG31(0.90 cm)的病斑直径较小。不同亲和组群间病斑直径的变化范围为 0.90 ~ 4.62 cm,最大差幅达到 3.72 cm。另外通过测定结果可以看出,不同亲合群间致病力的差异与菌株的地理来源无关。

表 4 - 7 不同亲和组核盘菌菌株在向日葵叶片上产生病斑直径大小的差异

亲和组	菌斑直径/cm	亲和组 MCGs	菌斑直径/cm
27	4.62 ±0.30Aa	23	3.62 ±0.10BCDEFGbcd
26	4.51 ±0.50ABab	3	3.59 ±0.28BCDEFGbcde
30	4.28 ±0.42ABCab	1	3.44 ±0.10CDEFGHcdef
18	4.25 ±0.61ABCDab	32	3.41 ±0.46CDEFGHIcdef
29	4.20 ±0.65ABCDab	2	3.37 ±0.19CDEFGHIcdefg
22	4.19 ±0.12ABCDab	19	3.28 ±0.13DEFGHIJcdefgh
25	4.00 ±0.19ABCDabc	16	3.00 ±0.89EFGHIJKdefghi
20	3.95 ±0.13ABCDEabc	34	2.89 ±0.83FGHIJKLdefghi
24	3.95 ±0.56ABCDEabc	14	2.88 ±0.12FGHIJKLefghi
28	3.75 ±0.15ABCDEFbc	35	2.80 ±0.15FGHIJKLMfghij

续表

亲和组	菌斑直径/cm	亲和组 MCGs	菌斑直径/cm
33	2.73 ±0.37GHIJKLMNfghij	11	1.95 ±0.10LMNOPQRklmn
8	2.70 ±0.11GHIJKLMNfghij	15	1.85 ±0.96MNOPQRlmno
4	2.66 ±0.79GHIJKLMNOghijk	9	1.83 ±0.10MNOPQRSlmno
12	2.59 ±0.34HIJKLMNOhijk	10	1.79 ±0.17NOPQRSlmno
13	2.49 ±0.63HIJKLMNOPijkl	5	1.55 ±0.57PQRSnopq
7	2.45 ±0.65IJKLMNOPijkl	21	1.08 ±0.22RSpq
6	2.31 ±0.75JKLMNOPijklm	31	0.90 ±0.40Sq
17	2.10 ±0.17KLMNOPQjklmn		

注:小写字母代表相关显著性水平 $P \leqslant 0.05$,大写字母代表相关显著性水平 $P \leqslant$ 0.01,下同。

4.2.2.2　核盘菌不同亲和组平均生长速度的差异比较

供试菌株亲和组在 PDA(加 BPB)培养基上培养后,各不同亲和组菌株均生长迅速,但不同亲和组之间存在较大差异。如表 4－8 所示,培养 48 h 后,MCG24(8.66 cm)和 MCG26(8.57 cm)的菌落直径较大;MCG32(7.47 cm)和 MCG19(7.17 cm)的菌落直径居中;而 MCG21(2.27 cm)和 MCG11(3.70 cm)的菌落直径较小。不同亲和组群间菌落直径的差别范围是 2.27～8.66 cm,最大差幅达到 6.39 cm。经过方差分析可知,MCG24 和 MCG26 生长速度显著高于 MCG32 及菌落直径小于其的所有亲和组;极显著高于 MCG19 及菌落直径小于 MCG19 的所有亲和组。同时通过测定结果可以看出,不同亲合群间菌丝生长速度的差异与菌株的地理来源无关。

表4-8 不同亲和组核盘菌菌株在PDA培养基上菌丝平均生长速率的差异

亲和组	菌斑直径/cm	亲和组	菌斑直径/cm
24	8.66 ±0.61Aa	35	7.51 ±0.29ABCDEFbcdefgh
26	8.57 ±0.36ABab	32	7.47 ±0.20ABCDEFcdefgh
23	8.44 ±0.71ABCabcd	28	7.43 ±0.22ABCDEFdefgh
13	8.41 ±0.35ABCabcd	20	7.20 ±0.16BCDEFefgh
27	8.40 ±0.42ABCabcd	19	7.17 ±0.16CDEFefgh
10	8.37 ±0.47ABCDabcd	30	6.99 ±0.30DEFGfgh
12	8.36 ±0.40ABCDabcd	6	6.94 ±0.24EFGgh
1	8.30 ±0.37ABCDEabcd	3	6.57 ±0.17FGHhi
2	8.10 ±0.47ABCDEabcde	17	5.83 ±0.12GHIij
8	8.06 ±0.25ABCDEabcde	31	5.77 ±0.16GHIij
7	8.05 ±0.29ABCDEabcde	9	5.72 ±0.32GHIij
34	8.00 ±0.20ABCDEabcdef	15	5.51 ±0.16 HIJj
4	7.91 ±0.24ABCDEFabcdefg	16	5.31 ±0.10HIJjk
25	7.82 ±0.24ABCDEFabcdefg	14	5.17 ±0.15IJjk
33	7.71 ±0.28ABCDEFabcdefg	5	4.43 ±0.45JKkl
22	7.56 ±0.37ABCDEFbcdefgh	11	3.70 ±0.13Kl
18	7.55 ±0.25ABCDEFbcdefgh	21	2.27 ±0.14Lm
29	7.55 ±0.25ABCDEFbcdefgh		

4.2.2.3 菌株亲和组产草酸量和pH值的测定结果

如表4-9所示,菌株亲和组间相比,MCG31产草酸量最小,为3.84 μg/mg干菌丝,MCG30产草酸量最大,为25.29 μg/mg干菌丝。亲和组间草酸产生能力差别较大,其中MCG30、MCG27、MCG22的产草酸量都超过了20 μg/mg干菌丝,MCG9、MCG31的产草酸量都低于5 μg/mg干菌丝。方差分析结果表明,不同亲和组之间存在显著差异。同时,研究发现,菌株产生草酸的能力的差异不仅出现在亲和组间,也出现在亲和组内。

表4-9 不同亲和组核盘菌菌株在PDA培养液中产生草酸量的差异

亲和组	草酸含量/ $(\mu g \cdot mg^{-1}_{干菌丝})$	亲和组	草酸含量/ $(\mu g \cdot mg^{-1}_{干菌丝})$
30	25.29 ± 1.56Aa	19	9.70 ± 0.28HIgh
27	24.65 ± 0.77Ab	8	9.69 ± 0.34HIgh
22	20.67 ± 1.07Bc	20	9.46 ± 0.60HIJgh
28	19.98 ± 1.58BCc	17	9.39 ± 0.22HIJgh
26	19.93 ± 1.37BCc	21	9.33 ± 0.23HIJKgh
29	19.51 ± 2.16BCDc	11	9.13 ± 0.85HIJKLgh
14	19.20 ± 0.56BCDcd	4	8.44 ± 0.34HIJKLMghi
24	18.30 ± 1.37BCDEcde	33	8.05 ± 0.09HIJKLMNghij
18	16.57 ± 0.91CDEFdef	5	7.68 ± 0.35HIJKLMNOghijk
35	15.98 ± 1.24DEFef	10	7.27 ± 0.29HIJKLMNOhijkl
3	15.82 ± 1.28DEFef	6	6.14 ± 0.22IJKLMNOijklm
23	15.42 ± 1.02EFf	32	5.70 ± 0.28JKLMNOijklm
25	15.17 ± 1.75EFf	12	5.48 ± 0.22KLMNOjklm
1	14.66 ± 1.08EFf	2	5.30 ± 0.37LMNOjklm
15	14.02 ± 1.68FGf	13	5.27 ± 0.06LMNOjklm
16	13.82 ± 0.65FGf	9	4.32 ± 0.20NOlm
34	13.74 ± 0.58FGf	31	3.84 ± 0.31Om
7	13.73 ± 0.80FGf		

　　菌株在液体培养的过程中除了产生草酸外,还可能产生其他的未知的酸类物质,致使培养液的pH值产生很大的变化。由表4-10可知,接入菌后培养液的pH值最小达到了3.66(MCG27),最大为4.83(MCG31)。经测

定,接入菌碟前原始培养液(CK)的平均 pH 值为 5.03。如果利用 pH 值的变化来衡量亲和组间产生的总酸产量,则在不同亲和组间总酸产量也呈现出显著的差异。方差分析结果表明,MCG31、MCG9 和 MCG10 的 pH 值显著高于 MCG1 及 pH 值小于其的所有亲和组;极显著高于 MCG26 及 pH 值小于其的所有亲和组。

表 4 – 10 不同亲和组核盘菌菌株在 PDA 培养液中产生总酸量的差异

亲和组	总酸含量 pH 值	亲和组	总酸含量 pH 值
31	4.83 ±0.27Aa	17	4.17 ±0.30ABCDabcde
9	4.81 ±0.23ABab	23	4.16 ±0.38ABCDabcde
10	4.76 ±0.14ABabc	12	4.15 ±0.12ABCDabcde
21	4.68 ±0.16ABCabcd	24	4.15 ±0.08ABCDabcde
5	4.35 ±0.23ABCDabcde	3	4.13 ±0.09ABCDabcde
34	4.27 ±0.21ABCDabcde	14	4.11 ±0.11ABCDabcde
20	4.26 ±0.36ABCDabcde	25	4.10 ±0.24ABCDabcde
7	4.24 ±0.60ABCDabcde	6	4.07 ±0.13ABCDbcde
35	4.23 ±0.47ABCDabcde	4	4.06 ±0.14ABCDbcde
11	4.21 ±0.33ABCDabcde	13	4.05 ±0.16ABCDcde
16	4.21 ±0.25ABCDabcde	2	4.04 ±0.16ABCDcde
15	4.18 ±1.23ABCDabcde	19	4.03 ±0.20ABCDcde
1	3.97 ±0.14ABCDde	28	3.87 ±0.14ABCDe
8	3.85 ±0.08ABCDe	32	3.85 ±0.13ABCDe

续表

亲和组	总酸含量 pH 值	亲和组	总酸含量 pH 值
33	3.82 ±0.24BCDe	26	3.76 ±0.13CDe
18	3.74 ±0.18CDe	30	3.73 ±0.45CDe
29	3.72 ±0.09CDe	22	3.68 ±0.09De
27	3.66 ±0.20De		

4.2.2.4　与致病力有关的 4 个因子的相关性分析研究

对病斑直径、菌株生长速度、草酸产生量及产生总酸的 pH 值 4 个因子进行相关性分析,结果表明,菌株的致病力与草酸产生量呈正相关($r = 0.758, P \leqslant 0.01$),与产生的总酸的 pH 值之间呈负相关($r = -0.794, P \leqslant 0.01$),草酸与总酸的 pH 值之间呈显著负相关关系($r = -0.639, P \leqslant 0.01$),证明了核盘菌分泌的总有机酸的主要成分是草酸,如表 4 - 11 所示。

表 4 - 11　不同菌丝亲和组间病斑直径、菌丝生长速度、草酸量、总酸的 pH 值相关性分析

不同因子	病斑直径/cm	生长速度/cm	草酸量/($\mu g \cdot mg^{-1}_{干菌丝}$)	总酸 pH 值
病斑直径/cm	1			
生长速度/cm	0.622 * *	1		
草酸量/($\mu g \cdot mg^{-1}_{干菌丝}$)	0.758 * *	0.299	1	
总酸 pH 值	-0.794 * *	-0.482 *	-0.639 * *	1

注: * 代表相关显著性水平 $P \leqslant 0.05$; * * 代表相关显著性水平 $P \leqslant 0.01$。

4.3　结论与讨论

4.3.1　向日葵菌核病品种抗性鉴定

向日葵菌核病可发生在向日葵生长发育的任何阶段,其表现类型多样,遗传机制复杂,且环境条件对向日葵的抗病性有较大的影响,目前尚没有一种单一高效的抗病鉴定方法。本书试验结果表明:采用菌丝体与孢子悬浮液接种均可使向日葵产生盘腐症状,菌丝体悬浮液浓度在 10 ~ 20 g/L 之间接种效果较好。菌丝体悬浮液接种的优点在于菌株容易培养,获取方便,缺点是定量困难,菌量误差较大,而孢子悬浮液接种可精确定量,减少试验误差,但孢子收集较为困难,且收集的孢子难以保存。对于盘腐的抗性鉴定,接种时期应选择始花期,接种后套袋保湿 2 ~ 4 天即可。本试验用此方法鉴定了 74 个向日葵品种,筛选出 7 个较抗的品种。本书所建立的田间接种方法能够有效地对向日葵进行抗菌核病筛选和鉴定。本试验是在不破坏寄主组织并接近田间自然条件的情况下筛选出抗性材料的,对抗病育种更有实际意义。

4.3.2　核盘菌菌株致病力研究

病原物在与寄主共进化的过程中,其致病性也在不断分化,目前为止,已经发现如小麦条锈菌、黑粉菌、白粉菌、水稻稻瘟病菌等存在致病性分化,而对于核盘菌种群内有无致病性分化,迄今尚无肯定的结果。本书对东北向日葵主产区吉林中西部、西部,黑龙江东部、西北部和内蒙古东部的 27 个市县 77 个乡镇共 208 块向日葵田进行取样。共分离向日葵菌核病染病株 115 株,对 115 个菌株采用菌丝融合群试验的方法进行了亲和分组测定,共分成 35 个亲和组。亲和组间菌丝的生长速率存在显著性差异。同时,研究发现,来源于同一地区的菌株间、不同地区的菌株间及亲和组内的菌株间菌丝的生长速度差异很大,说明菌株的生长速度呈现出多样性,并与地理来源无关,未发现亲和组间致病力的差异与菌株的地理来源有关。对病斑直径菌株生长速度、产生草酸的量及产生总酸的 pH 值 4 个因子进行相关性分析,结果表明,菌株的致病力与草酸产生量呈正相关,与产生的总酸的 pH 值呈负相关,与菌株的生长速率无关,草酸与总酸的 pH 值之间呈显著负相关关系。

第五章

向日葵菌核病菌毒素致病机理研究

如前面所述,毒素是植物病原菌代谢过程中产生的一种对植物有害的非酶类化合物,少量毒素即可干扰植物的正常生理功能。草酸作为一种菌核病菌分泌的有毒代谢物,被认为草酸毒素与菌核病菌的致病性有关,并在感病的胡萝卜组织中测到了草酸钙。Noyes 等人在对向日葵核盘菌的致病性研究中发现感病的向日葵叶片中草酸含量是健康叶片的 1.5 倍。吴纯仁等人通过扫描电镜观察证实了草酸对油菜菌核病的致病作用。刘秋等人报道了向日葵菌核病菌在离体、活体培养条件下均能产生草酸毒素。对于向日葵而言,草酸毒素在向日葵菌核病上对寄主的生理影响、抗毒素和抗病体细胞的筛选、作用机制等方面研究较少。因此本试验通过对向日葵抗感品种经草酸毒素处理前后几种防御酶活性、防御蛋白以及其他一些生化物质含量的变化,探讨向日葵生理生化方面的抗病机制,为选育抗病品种奠定基础,也为有效控制向日葵菌核病提供理论基础和科学依据。

5.1　材料与方法

5.1.1　供试品种及菌株

向日葵品种为丰葵杂 1 号(抗病),7101(感病)由黑龙江省农科院植物保护研究所免疫室提供,YS1 由 2013 年田间采集并分离纯化培养。

5.1.2　粗毒素的制备

将菌株 YS1 接种于 PDA 培养基平板上,于 22 ℃培养 2～3 天,用打孔器取直径 1 cm 带有菌丝小块移入装有 100 mL PD 培养液的 250 mL 锥形瓶中,22 ℃恒温振荡培养 10 天,用双层纱布过滤产毒培养液,所得滤液再用滤纸过滤一遍,滤液经高压灭菌即为粗毒素,4 ℃冰箱保存待用。

5.1.3　草酸毒素的测定方法

首先将粗毒素用无菌水定容到 100 mL,充分混匀后,取 50 mL 粗毒素于锥形瓶中,加入 1 mL 50% 的 $CaCl_2$ 溶液,加热 5 ~ 10 min,放置 24 h,待其充分沉淀后,将溶液离心 10 min,弃去上清液用无菌水反复冲洗。将沉淀溶于 5 mL H_2SO_4 中(水:硫酸 =9∶1),待沉淀充分溶解后,将溶液移入滴定瓶中,加入 1 mL 10% 的 $MnSO_4$ 溶液,加热到 65 ℃,用 1.58 g/L $KMnO_4$ 滴定该溶液,直至显出玫瑰色,并且几秒内不褪色,计算草酸含量(1 mL 1.58 g/L $KMnO_4$ 相当于 0.145 mg 草酸)。本试验草酸浓度为 0.0036 g/L。

5.1.4　取样方法

将在无菌土中培养长至 6 叶期的丰葵杂 1 号和 7101 两个品种的向日葵幼苗移入装有草酸毒素的试管中,每处理每品种各取 8 株长势一致的幼苗,每试管 1 株,置于 25 ℃光照培养箱中培养,光照时间为每天 16 h,以无菌水处理的幼苗为对照,分别在处理 0 h、12 h、24 h、36 h、48 h、60 h、72 h 固定摘取毒素处理和对照处理的向日葵下部第 4 片叶,测定相应生理生化指标。

5.1.5　数据统计分析

采用统计分析软件,按照单因素随机设计的方差分析模型,用 Duncan 氏新复极差法对同一时间不同处理的数据进行差异显著性分析。

5.1.6　与抗性相关的酶活性测定

5.1.6.1　多聚半乳糖醛酸酶活性测定

酶液的提取:取毒素和 PD 培养液处理的向日葵幼苗 0.5 g,加入 1% 的 NaCl、少量石英砂研磨后,以 5000 r/min 离心 15 min,上清液移入 25 mL 容量瓶中。再将沉淀提取 2 次,提取液一并倒入容量瓶中,最后用 1% 的 NaCl 定容到 25 mL,即为酶液。

酶活性的测定:参照周培根的方法,以每 1 mL 酶液 1 h 内催化产生 1 μmol 游离多聚半乳糖醛酸为一个酶活力单位。

5.1.6.2　果胶酯酶活性测定

酶液的提取:同上。

酶活性的测定:取含 0.5% NaCl 的 1% 的果胶溶液 20 mL,加酶液 0.1 mL,将 pH 值调到 7.5,开始计时。每间隔一定的时间加 NaOH 溶液,使混合物溶液的 pH 值保持在 7.5,加入的 NaOH 的摩尔数就是酶解后释放的游离羧基的摩尔数。

5.1.6.3　几丁质酶活性测定

粗酶液的提取:取上述毒素和 PD 培养液处理的向日葵幼苗 0.5 g,放入预冷研钵中,加入少量石英砂及 2 mL 0.1 mol/L pH 值为 5.0 的乙酸缓冲液,在冰浴中研磨成匀浆,于 4 ℃ 12000 r/min 离心 20 min,所得上清液即为粗酶液,将粗酶液置于 -20 ℃ 冰箱保存备用。

胶态几丁质的制备:称取几丁质粉末 1.0 g,先加入丙酮 4 mL,在冰浴中充分研磨并不断加入少量丙酮,再加入浓盐酸 40 mL,将上述溶液加入到 250 mL 50% 的乙醇中,不断搅拌至胶体析出,4 ℃ 静置 24 h。3000 r/min 离心 10 min,收集胶体,用蒸馏水冲洗 3 次,用 1 mol/L 的 NaOH 溶液将 pH 值调至 7.0,再用蒸馏水定容至 250 mL,取 5 mL 溶液放置在 105 ℃ 烘箱中干燥至恒重,测定该溶液中几丁质的含量。

N - 乙酰氨基葡萄糖标准曲线的建立:称取 N - 乙酰氨基葡萄糖 0.1 g,加蒸馏水定容至 100 mL,得到 1 mg/mL N - 乙酰氨基葡萄糖标准溶液。取 6 支灭菌烘干带刻度的试管,分别加入 N - 乙酰氨基葡萄糖标准溶液 0 mL、0.2 mL、0.4 mL、0.6 mL、0.8 mL、1.0 mL,再依次加入 1.0 mL、0.8 mL、0.6 mL、0.4 mL、0.2 mL、0 mL 蒸馏水,充分摇匀后向各试管加入 0.3 mL DNS,摇匀后沸水浴中加热 5 min,冷却后用蒸馏水定容至 5 mL。充分混匀后在 540 nm 波长下,以取 N - 乙酰氨基葡萄糖标准溶液 0 mL 的溶液作对照,测定其他各试管溶液的吸光值,以 N – 乙酰氨基葡萄糖含量为横坐标,吸光值为纵坐标建立标准曲线。

酶活性测定:取 1 支灭菌烘干带刻度的试管,在 40 ℃水浴中预热 10 min,加入 0.8 mL 粗酶液和 0.2 mL 胶态几丁质溶液,于 40 ℃水浴保温 60 min。取出后立即加入 0.3 mL DNS 溶液以终止酶反应,于沸水浴中显色 10 min,冷却后用蒸馏水定容至 5 mL。充分混匀,以反应时间零作对照,在波长 540 nm 下测定其吸光值,试验设 3 次重复,根据 3 次重复吸光值的平均值,在标准曲线上查出对应的 N – 乙酰氨基葡萄糖含量,以几丁质还原释放出的还原糖量测定该酶的活性,按下列公式计算出酶活性 U,代表每 1 min 产生 1 mol 还原糖所需要的酶量。

酶活性$(U/g \cdot min)$ $=$ $(X \times 1000 \times V_1)$ $/$ $(V_2 \times W_1 \times W_2 \times T)$。$X$——从标准曲线上查到的还原糖含量(mg);$V_1$——酶液总体积(mL);$V_2$——反应中酶液加入量(mL);$W_1$——N – 乙酰氨基葡萄糖的相对分子质量;$W_2$——测定所取植物鲜重(g);$T$——反应时间(min)。

5.1.6.4　β – 1,3 – 葡聚糖酶活性测定

取 1 支灭菌烘干带刻度的试管,在 50 ℃水浴中预热 10 min,加入 0.8 mL 粗酶液和 0.2 mL 1 mg/mL 的昆布多糖,50 ℃水浴保温 60 min。取出后立即加入 0.3 mL DNS 溶液以终止酶反应,于沸水浴中显色 5 min,冷却后用去离子水定容至 5 mL。充分混匀,以反应时间零作对照,在波长 540 nm 下测定其吸光值,试验设 3 次重复,根据 3 次重复吸光值的平均值,在标准曲线上查出对应的葡萄糖含量,以昆布多糖还原释放出的还原糖量测定该酶的活性,按下列公式计算出酶活性 U,代表每 1 min 内还原昆布多糖释放出 1 mol 葡萄糖量所需的酶量。

酶活性 $=$ $(X \times 1000 \times V_1)$ $/$ $(V_2 \times W_1 \times W_2 \times T)$;$X$——葡萄糖含量(mg);$V_1$——酶液总体积(mL);$V_2$——反应中酶液加入量(mL);$W_1$——葡萄糖的相对分子质量;$W_2$——测定所取植物鲜重(g);$T$——反应时间(min)。

5.1.6.5　蔗糖酶活性测定

酶活性测定:取 0.8 mL 粗酶液与 0.2 mL 1 mol/L 的蔗糖溶液混匀,

30 ℃温水浴反应 30 min,再加入 1 mL 蒸馏水及 2 mL 斐林试剂,以斐林试剂比色法测定还原糖含量。

5.1.7　相关生化物质含量的测定

5.1.7.1　丙二醛含量测定

取毒素和 PD 培养液处理的向日葵幼苗 0.2 g,加入少量石英砂和 5 mL 5% 的三氯乙酸(TCA)充分研磨,所得匀浆以 4000 r/min 离心 10 min。向一灭菌试管中分别加入 2 mL 上清液、2 mL 0.67% 的硫代巴比妥酸(TBA)溶液,摇匀,在沸水浴中煮 15 min。冷却后,将该溶液分别在紫外分光光度计 450 nm、532 nm、600 nm 波长处测定吸光值,根据公式计算出样品中丙二醛的含量,试验设 3 次重复。丙二醛 $= [6.452 \times (A_{532} - A_{600}) - 0.559 \times A_{450}] \times V_t / (V_s \times FW)$。$V_t$——样品提取液总体积(mL);$V_s$——反应中提取液加入量(mL);$FW$——测定所取样品鲜重(g)。

5.1.7.2　可溶性糖含量的测定

葡萄糖标准曲线的制作:同上。

样品测定:以蒽酮法测定可溶性糖含量(蒽酮溶液配制:0.1 g 蒽酮溶于 100 mL 稀硫酸中),取毒素和 PD 培养液处理的向日葵幼苗各 0.2 g,剪碎混匀,放入 20 mL 试管中,加入 10 mL 蒸馏水,沸水浴中煮 20 min,冷却定容至 50 mL 容量瓶中。充分混匀后取 1 mL 样品提取液加入蒽酮试剂 5 mL,沸水浴中煮 10 min 冷却至室温,在波长 620 nm 下测定其吸光值。以加 1 mL 蒸馏水和 5 mL 蒽酮试剂为对照,试验设 3 次重复。

5.1.7.3　游离脯氨酸含量的测定

标准曲线的绘制:称取脯氨酸 25 mg,加蒸馏水定容至 200 mL,取 10 mL 上述溶液,加蒸馏水定容至 100 mL,此溶液即为脯氨酸标准液(10 μg/mL)。取 6 支灭菌烘干带刻度的试管,分别加入脯氨酸标准溶液 0 mL、0.2 mL、

0.4 mL、0.6 mL、0.8 mL、1.0 mL，再依次加入 1.0 mL、0.8 mL、0.6 mL、0.4 mL、0.2 mL、0 mL 蒸馏水，充分摇匀后向各试管加入酸性茚三酮 4 mL 和乙酸 2 mL，沸水浴 30 min。冷却后加入甲苯 4 mL，萃取红色产物后静置 30 min 使其分层，吸取甲苯层，在 520 nm 波长下（以取脯氨酸标准液 0 mL 的试管为对照）测定吸光值，以脯氨酸含量为横坐标，吸光值为纵坐标建立标准曲线。

酶活性测定：取 2 支灭菌烘干带刻度的试管，称取毒素和 PD 培养液处理的向日葵幼苗各 0.2 g 放入试管中，加入 3% 的磺基水杨酸 5 mL，将试管放入沸水浴中 10 min。取上述反应液 2 mL，依次加入乙酸 2 mL、酸性茚三酮试剂 4 mL 和无菌水 2 mL，于沸水浴中显色 30 min。冷却后加入甲苯 4 mL，静置 30 min，吸取甲苯层，在波长 520 mn 下测定其吸光值，计算脯氨酸的含量，试验设 3 次重复。脯氨酸含量 $= XV_1 / V_2 W$。X——标准曲线中查到的脯氨酸含量（μg）；V_1——酶液总体积（mL）；V_2——反应中酶液加入量（mL）；W——测定所取植物鲜重（g）。

5.1.7.4 木质素含量测定

取毒素和 PD 培养液处理的向日葵幼苗各 0.2 g 放入研钵中，加入 95% 的乙醇 2 mL，充分研磨，所得匀浆以 4000 r/min 离心 10 min，将沉淀物先用 95% 的乙醇冲洗 3 次，再用 95% 的乙醇和正己烷（体积比为 1:2）冲洗 3 次。向所得沉淀中加入 0.2 mL 高氯酸和 0.5 mL 25% 的溴乙酰 – 乙酸溶液，于 70 ℃（每隔 10 min 振荡 1 次）水浴 30 min。向装有 2.5 mL 乙酸和 l mL 2 mol/L 的 NaOH 的混合液中加入 0.2 mL 反应液，充分混匀后，再加入乙酸 40 mL，在波长 280 mn 下比色，记录吸光值，以每克鲜重在 280 nm 处的吸光值表示木质素含量，试验设 3 次重复。

5.2 结果与分析

5.2.1 与抗性相关的酶活性测定

5.2.1.1 多聚半乳糖醛酸酶活性测定

经毒素处理后,抗感两个品种向日葵叶片内多聚半乳糖醛酸酶酶活性均呈现先升高后降低的趋势,如图 5 - 1 所示,抗病向日葵品种在毒素处理 48 h 多聚半乳糖醛酸酶酶活性达到峰值,是此时对照的 4.04 倍,增加了 181.7%;感病向日葵品种在毒素处理 36 h 多聚半乳糖醛酸酶酶活性达到峰值,是此时对照的 7.97 倍,增加了 233.6%。与对照相比,抗病品种在毒素处理 12 ~ 60 h 多聚半乳糖醛酸酶酶活性差异显著,感病品种在毒素处理 12 ~ 72 h 多聚半乳糖醛酸酶酶活性差异显著,抗感品种在毒素处理 24 ~ 48 h 多聚半乳糖醛酸酶酶活性差异显著。未经毒素处理的两个向日葵品种多聚半乳糖醛酸酶酶活性呈下降趋势。

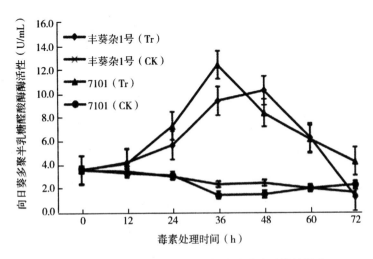

图 5 - 1 毒素处理对多聚半乳糖醛酸酶酶活性的影响

5.2.1.2　果胶酯酶活性测定

向日葵不同品种经毒素处理后,体内果胶酯酶酶活性发生明显变化,如图 5 - 2 所示。抗病品种和感病品种果胶酯酶酶活性变化总趋势为先升高后下降,抗性强的向日葵品种果胶酯酶酶活性在处理 48 h 达到峰值,抗性弱的向日葵品种果胶酯酶酶活性在处理 24 h 达到峰值,两个时间点均是两个品种显症的初期阶段,可见果胶酯酶酶活性与发病呈负相关,抗性强的品种比抗性弱的品种延迟 24 h 显症,但两个品种的酶活性峰值没有明显差异。未经毒素处理的向日葵品种果胶酯酶酶活性变化较为平稳,没有明显规律。

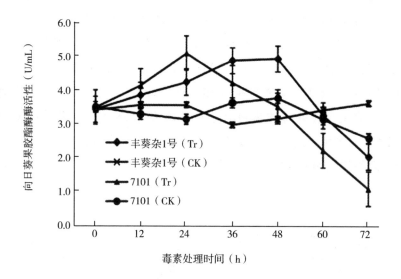

图 5 - 2　毒素处理对果胶酯酶酶活性的影响

5.2.1.3　几丁质酶活性测定

由图 5 - 3 所示,毒素处理后,两个向日葵品种的几丁质酶酶活性都显著高于对照。抗病品种丰葵杂 1 号的几丁质酶酶活性出现两个高峰,分别在处理 36 h 和 60 h;感病品种 7101 的几丁质酶酶活性高峰出现在处理 36 h。感病品种的酶活性一直显著高于抗病品种,说明向日葵菌核病病菌毒素可以诱导向日葵幼苗体内几丁质酶酶活性增加。经毒素处理后抗病品种的酶活性增加比率高于感病品种,说明毒素可诱导几丁质酶酶活性增加的效应在抗病品种上更为突出。

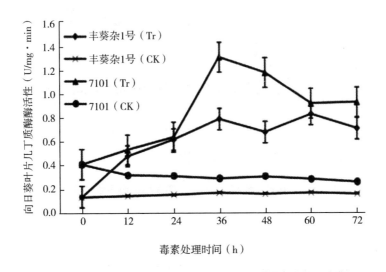

图5-3 毒素处理对几丁质酶酶活性的影响

5.2.1.4 $\beta-1,3-$葡聚糖酶活性测定

毒素处理后,两个向日葵品种的$\beta-1,3-$葡聚糖酶酶活性都显著高于对照,如图5-4所示。感病品种7101的$\beta-1,3-$葡聚糖酶酶活性出现两个高峰,分别在处理36 h和60 h;抗病品种丰葵杂1号的$\beta-1,3-$葡聚糖酶酶活性高峰出现在处理36 h。在处理后48 h内,抗病品种的酶活性一直显著高于感病品种,而后两者之间无显著差异。经毒素处理后,抗病品种的酶活性增加比率始终高于感病品种,说明向日葵菌核病病菌毒素可以诱导向日葵幼苗体内$\beta-1,3-$葡聚糖酶酶活性增加,且这种诱导效果在抗病品种上较为突出。

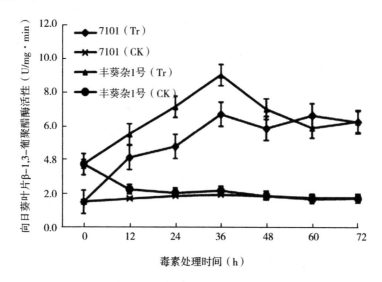

图5-4 毒素处理对 β -1,3-葡聚糖酶酶活性的影响

5.2.1.5 蔗糖酶活性测定

毒素处理能使向日葵叶片内蔗糖酶酶活性提高,如图5-5所示。抗病品种丰葵杂1号在毒素处理后酶活性一直高于对照,方差分析结果表明,除处理后72 h外,其他各时期的差异均达到显著水平。感病品种7101经毒素处理后酶活性一直高于对照,方差分析结果表明,除处理24 h外,其他各时期的差异均达到显著水平。综合来看,毒素处理可诱导蔗糖酶酶活性的提高,但不同抗性品种之间的差别不大。

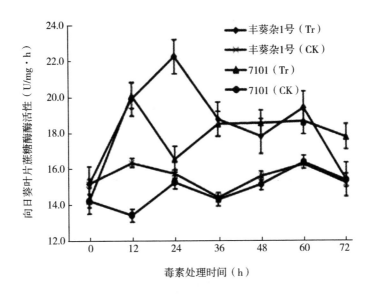

图 5 – 5 毒素处理对蔗糖酶酶活性的影响

5.2.2 相关生化物质含量的测定

5.2.2.1 毒素处理对丙二醛含量的影响

毒素处理可导致两个向日葵品种的丙二醛含量都显著高于对照,如图 5 –6所示。毒素处理36 h后,抗感品种丰葵杂 1 号和感病品种 7101 叶片组织内丙二醛含量分别达到峰值,均较对照高。感病品种的丙二醛含量显著高于抗病品种,说明向日葵菌核病病菌毒素可以导致向日葵幼苗体内丙二醛含量的增加,且抗病品种膜脂过氧化程度低于感病品种。

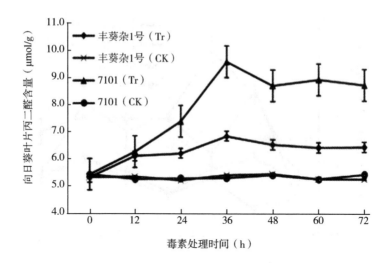

图 5-6　毒素处理对丙二醛含量的影响

5.2.2.2　毒素处理对可溶性糖含量的影响

　　向日葵不同品种经毒素处理后，叶片可溶性糖含量变化总趋势为先升高后下降，如图 5-7 所示。毒素处理 12 h 后，抗病品种可溶性糖含量与对照相比差异不显著，处理 24 h 后，可溶性糖含量显著升高，当处理 36 h，抗病品种可溶性糖含量达到峰值为 4.973，此时，感病品种的可溶性糖含量也达到峰值 3.457，与对照相比两个品种可溶性糖含量分别增加了 124.7% 和 73.4%。可见抗病品种可溶性糖的增加量显著高于感病品种，说明向日葵菌核病病菌毒素可诱导向日葵幼苗体内可溶性糖含量增加。

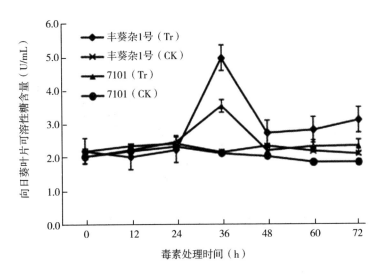

图 5 - 7 毒素处理对可溶性糖含量的影响

5.2.2.3 毒素处理对游离脯氨酸含量的影响

毒素处理后,两个向日葵品种的游离脯氨酸含量都显著高于对照,如图 5 - 8 所示。抗病品种丰葵杂 1 号的游离脯氨酸含量在 48 h 和 72 h 出现两个高峰;感病品种 7101 的游离脯氨酸含量高峰出现在处理 48 h。两个品种相比较,除处理后 48 h 和 60 h 外,其他各取样时段抗病品种的游离脯氨酸含量都显著高于感病品种,说明向日葵菌核病病菌毒素可以诱导向日葵幼苗体内游离脯氨酸含量增加。

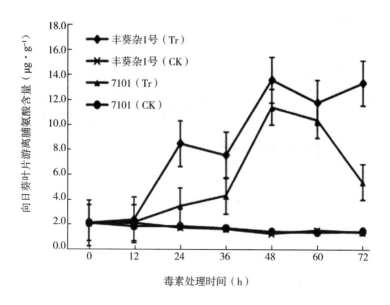

图 5 - 8　毒素处理对游离脯氨酸含量的影响

5.2.2.4　毒素处理对木质素含量的影响

毒素处理后抗感品种木质素含量变化总趋势为先升高后下降,如图 5 -9所示。毒素处理 12 h 后,抗病品种木质素含量与对照相比差异不显著,处理 24 h 后,木质素含量显著升高,当处理 48 h,抗病品种木质素含量达到峰值,与对照相比增加了 156.6% ,随后逐渐下降,但一直显著高于对照;经毒素处理的感病品种叶片组织内木质素含量在各时间段取样均显著高于对照,当处理 48 h,感病品种木质素含量达到峰值,与对照相比增加了155.9% 。说明向日葵菌核病菌毒素可以诱导向日葵幼苗体内木质素含量的增加。

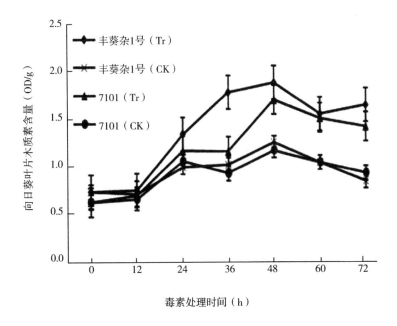

图 5-9　毒素处理对木质素含量的影响

5.3　结论与讨论

5.3.1　相关酶活性变化与向日葵抗菌核病的关系

　　李方球等人对油菜菌核病菌草酸毒素和细胞壁降解酶的致病作用进行了研究,认为草酸是致病的决定因子,细胞壁降解酶在致病中不起作用,而StePhen等人的研究认为果胶酯酶和多聚半乳糖醛酸酶的酶活性与病菌的致病力有关,抗病寄主中比感病寄主中这两种酶的活性都低,此结论与本书结果一致。本书认为草酸可促进多聚半乳糖醛酸酶和果胶酯酶两种酶的酶活性,通过果胶酯酶使果胶脱甲基后,再由内多聚半乳糖醛酸酶水解,加速病菌在细胞间的扩展。蔗糖酶可为建立防御应答提供所需的碳源,缓冲因草酸带来的细胞内 pH 值的变化,保持较高的酶活性。张耀伟等人的研究认为蔗糖酶在大白菜抗软腐病系统中参与抗侵染、抗增殖的作用。本书认为蔗糖酶酶活性与抗菌核病性有一定关系,抗性品种或者有较高的蔗糖酶酶活性,即使酶活性较低,其酶活性较感病品种上升趋势持续时间也长,上升幅度较高。

5.3.2　病程相关蛋白与向日葵抗菌核病的关系

病程相关蛋白是植物受病原菌侵染或不同因子刺激胁迫产生的一类诱导性蛋白质,其中几丁质酶和葡聚糖酶被认为是在抗病过程中较为关键的两种防御蛋白,核盘菌菌丝细胞壁的主要成分是几丁质和葡聚糖,能被几丁质酶、葡聚糖酶水解,从而减轻病原菌对植物的侵害。张学昆等人发现,几丁质酶以脱乙酰化几丁质 7B 为底物时活性最高,而对乙酰化程度较高的几丁质和菌核病菌细胞壁的活性较低,导致了油菜对菌核菌的抵抗力不高。关于向日葵菌核病方面的研究还未见报道,本试验结果表明,向日葵经菌核病病菌毒素处理后,抗、感两个品种体内的几丁质酶和葡聚糖酶的酶活性都有所提高,毒素处理 12 ~ 48 h 内,向日葵感病品种 7101 增加幅度较高,在 48 ~ 60 h 内,向日葵抗病品种丰葵杂 1 号增加幅度较高,表明了几丁质酶和葡聚糖酶的酶活性提高与向日葵对核盘菌的抗性呈正相关。

5.3.3　生化物质含量与向日葵抗菌核病的关系

木质素在细胞壁中的积累可使细胞壁加厚,木质化作用可增加细胞壁的韧度,提高植物抗病原菌侵入能力;脯氨酸在植物体内除了起渗透调节作用外,还可提高蛋白质水溶性、稳定蛋白质结构、清除自由基等。本试验结果表明,向日葵品种的抗病性与防卫反应活跃阶段与木质素和游离脯氨酸含量的增加有密切的关系,二者呈正相关。丙二醛是膜脂过氧化的最终产物,丙二醛的大量累积可对生物膜造成不可逆的损伤,加快病原菌对植物的侵染速度。本试验表明,经菌核病菌毒素液处理向日葵叶片其体内丙二醛的含量显著升高,感病品种丙二醛含量增加幅度大于抗病品种,进一步证明了菌核病菌毒素加速了细胞膜的损伤,使细胞内电解质泄漏剧增,叶片出现不可逆的损伤症状。关于寄主植物受胁迫后可溶性糖含量的变化与抗病性的关系已有许多报道,但在不同的病害中研究者得出的结论不一致。本试验结果表明,经向日葵菌核病菌毒素处理后,可溶性糖含量与向日葵品种抗病性呈正相关。

第六章

向日葵菌核病抗性机制研究

植物在受到病原菌侵染时,会启动防卫反应机制,产生能催化或直接作用于病原物的酶,它们可帮助寄主细胞抵御活性氧伤害,还可参与其他防御物质的形成,从而构成寄主复杂的生化防御系统。此外,植物体内某些病原菌所需的营养物质的多少也与病害发生程度有关,并可能成为其抗病的因素。由于向日葵菌核病菌可侵染向日葵不同部位引起多种症状,导致其抗性机制非常复杂,目前对向日葵生理生化方面抗病机制研究得较少。为此,本试验用向日葵菌核病菌作为接种体,以抗性不同的向日葵品种为材料,比较了它们在接种向日葵菌核病菌和未接种情况下与抗病相关的几种酶、一些生化及营养物质含量的变化规律,探讨向日葵在生理生化方面的抗病机制,以期找出能够代表品种抗性的生化指标,为抗病育种提供理论指导。

6.1 材料与方法

6.1.1 供试品种及菌株

向日葵品种为丰葵杂 1 号(抗病),7101(感病)由黑龙江省农科院植物保护研究所免疫室提供,YS1 由 2013 年田间采集并分离纯化培养。

6.1.2 取样方法

待向日葵植株生长到 6 叶时,进行叶面喷雾接种,接种后保湿 48 h,对照为清水处理,分别在处理 0 h、12 h、24 h、36 h、48 h、60 h、72 h 取样,用于酶活性测定。

6.1.3 粗酶液提取

取各处理向日葵叶片 0.5 g,加入 0.05 mol/L 的硼酸缓冲液及聚乙烯吡咯烷酮,冰浴研磨至匀浆,定容到 10 mL,4 ℃ 10000 r/min 下离心 20 min,上清液即为酶粗提液。

6.1.4　防御酶活性测定

6.1.4.1　苯丙氨酸转氨酶(PAL)活性测定

取 1 mL 0.02 mol/L 的苯丙氨酸溶液,2 mL 硼酸缓冲液,0.2 mL 酶粗提液作为反应体系,缓冲液为参比,37 ℃恒温水浴 30 min,冰浴中止反应,记录290 nm 波长下的 OD 值,以 OD 值变化 0.01 为一个酶活单位,以 U/(g·h)表示。

6.1.4.2　过氧化物酶(POD)活性测定

取 1 mL 0.05 mol/L 的邻苯三酚和 3.9 mL 磷酸缓冲液(pH=7.8)加入0.1 mL 酶粗提液作为反应体系,缓冲液为参比,摇匀置于 37 ℃恒温水浴10 min,然后加入 1 mL 0.08% 的 H_2O_2 开始计时,记录 470 nm 波长下的 OD值,以 OD 值变化 0.01 为一个酶活单位,以 U/(g·min)表示。

6.1.4.3　过氧化氢酶(CAT)活性的测定

取 1.7 mL 吡磷缓冲液(pH=7.8),1.7 mL 0.1 mol/L 的 EDTA,0.2 mL0.1 mol/L 的 H_2O_2,0.1 mL 酶粗提液,25 ℃预热后,加入 3 mL 0.1 mmol0.08% 的 H_2O_2,开始计时,每隔 1 min 读数 1 次,记录 240 nm 波长下的 OD值,以 OD 值变化 0.01 为一个酶活单位,以 U/(g·min)表示。

6.1.4.4　超岐化物氧化酶(SOD)活性测定

在 0.6 mL 130 mmol/L 的甲硫氨酸溶液中加入 0.6 mL 750 mol/L 的NBT,0.6 mL 20 mol/L 的核黄素,0.6 mL 100 mol/L 的 ETDA,0.5 mL 蒸馏水和 3 mL 50 mmol/L pH=7.8 的磷酸缓冲液(避光放置),再加入 0.1 mL 的SOD 粗酶液,在 25 ℃培养箱内照光 10 min,迅速测定 560 nm 波长下 OD 值,对照为不加酶液遮光放置。以抑制 NBT 光还原 50% 作为 1 个酶活性单位,

酶活性用 U/(g·h)表示。

6.1.4.5　多酚氧化酶(PPO)活性测定

取 1 mL 0.05 mol/L 的邻苯三酚和 3.9 mL 磷酸缓冲液(pH=7.8)加入 0.1 mL 酶粗提液,37 ℃恒温水浴 5 min,测定 525 nm 波长下 OD 值,以不加酶液为对照,以 OD 值变化 0.01 为一个酶活单位,以 U/(g·min)表示。

6.1.5　内源激素含量测定

采用酶联免疫吸附测定法(ELISA)测定:称取向日葵幼叶 1.0 g,加入装有 5 mL 80% 的甲醇(预冷)的小玻璃瓶中,将待测样品置于冰浴上研磨成匀浆,于 4 ℃下 4000 r/min 离心 20 min,吸取上清液用 C_{18} 胶柱去除色素后,测定 SA 和 ABA 含量,试验设重复 3 次,取平均值。

6.1.6　细胞膜透性测定

电导率测定方法:取向日葵幼苗的相同部位叶片 0.5 g,用蒸馏水充分冲洗并剪碎至相同大小,装于盛有测定体系的规格为 20 mL 的试管中,同时加入 10 mL 蒸馏水,将试管真空减压处理 30 min,在 25 ℃光照条件下放置 1 h,测出向日葵叶片组织浸出液的初始电导值,再将各处理材料置于沸水浴中煮沸 15 min,冷却至室温后再测定细胞膜彻底破坏后的最大电导率,用相对电导率表示细胞膜的伤害程度。相对电导率(%) = 处理电导率/最大电导率×100%。

6.1.7　生化物质含量的测定

6.1.7.1　丙二醛含量测定

取毒素和 PD 培养液处理的向日葵幼苗 0.2 g,加入少量石英砂和 5 mL 5% 的三氯乙酸(TCA)充分研磨,所得匀浆以 4000 r/min 离心 10 min。向一灭菌试管中分别加入 2 mL 上清液、2 mL 0.67% 的硫代巴比妥酸(TBA)溶液,摇匀,在 100 ℃ 水浴中煮沸 15 min。冷却后,将该溶液分别在紫外分光光度计 450 nm、532 nm、600 nm 波长处测定吸光值,根据公式计算出样品中丙二醛的含量,试验设 3 次重复。丙二醛 = $[6.452 \times (A_{532} - A_{600}) - 0.559 \times A_{450}] \times V_t / (V_s \times FW)$。$V_t$——样品提取液总体积(mL);$V_s$——反应中提取液加入量(mL);$FW$——测定所取样品鲜重(g)。

6.1.7.2　蛋白质含量测定

蛋白质标准曲线的制作:取 6 支灭菌烘干带刻度的试管,分别加入标准蛋白溶液(取 25 mg 牛血清蛋白,加蒸馏水定容至 100 mL,取上述溶液 40 mL,再加蒸馏水定容至 100 mL,即得到 100 μg/mL 的标准蛋白溶液)0 mL、0.2 mL、0.4 mL、0.6 mL、0.8 mL、1.0 mL,再依次加入 1.0 mL、0.8 mL、0.6 mL、0.4 mL、0.2 mL、0 mL 蒸馏水。充分摇匀后向各试管加入考马斯亮蓝 G-250 溶液 5 mL,摇匀后静置 5 min,在 585 nm 波长下,以取蛋白质标准溶液 0 mL 的溶液作对照,测定其他各试管溶液的吸光值,以葡萄糖含量为横坐标,吸光值为纵坐标建立标准曲线。

样品测定:用考马斯亮蓝 G-250 染色法进行蛋白质含量测定,将处理的向日葵幼苗各 0.2 g 放入研钵中,加入少量石英砂和蒸馏水 2 mL 充分研磨,所得匀浆在 4000 r/min 离心 10 min,向 1 灭菌试管中分别加入上清液 0.5 mL、考马斯亮蓝 G-250 溶液 5 mL,放置 2 min,在波长 585 nm 下比色,记录吸光值。以蒸馏水为空白,并通过标准曲线查得蛋白质含量。根据公式计算出样品中蛋白质的含量,试验设 3 次重复。蛋白质含量 = $(X \times V_1) / (V_2 \times W)$。$X$——标准曲线中查到的蛋白质含量;$V_1$—提取液总体积(mL);$V_2$——所取待测液体积(mL);$W$——测定所取样品鲜重(g)。

6.1.7.3　绿原酸含量测定

称取 0.5 g 向日葵叶片,置于 60 ℃ 烘箱中烘至恒重,加 50 倍无水乙醇提取 1 h,取 1 mL 提取液加 4 mL 乙醇后,加入 0.5 g 活性炭振荡脱色,过滤后,在波长 324 nm 下测定 OD 值,以 OD/g 表示绿原酸的相对含量。

6.1.7.4　可溶性糖含量测定

葡萄糖标准曲线的制作:同上。

样品测定:以蒽酮法测定可溶性糖含量(蒽酮溶液配制:0.1 g蒽酮溶于100 mL稀硫酸中),取毒素和PD培养液处理的向日葵幼苗各0.2 g,剪碎混匀,放入20 mL试管中,加入10 mL蒸馏水,沸水浴中煮20 min,冷却定容至50 mL容量瓶中。充分混匀后取1 mL样品提取液加入蒽酮试剂5 mL,沸水浴中煮10 min冷却至室温,在波长620 nm下测定其吸光值。以加1 mL蒸馏水和5 mL蒽酮试剂为对照,试验设3次重复。

6.2　结果与分析

6.2.1　防御酶活性测定

6.2.1.1　向日葵叶片苯丙氨酸解氨酶活性的变化

处理0~72 h间,抗感品种向日葵叶片组织PAL活性均呈下降趋势,处理12 h后,感病品种7101苯丙氨酸解氨酶活性下降了39.2%,而抗病品种丰葵杂1号苯丙氨酸解氨酶活性只下降了7.14%,可见,接种后对感病品种苯丙氨酸解氨酶活性抑制率明显高于抗病品种,对照两个品种苯丙氨酸解氨酶活性虽然也逐渐下降,但下降幅度不大,抗感品种在接种处理12 h和72 h酶活性差异不显著,在处理0 h、24 h、36 h、48 h、60 h时,抗感品种酶活性差异显著。

表 6 - 1　不同向日葵品种苯丙氨酸解氨酶活性变化

处理时间 /h	苯丙氨酸解氨酶活性/(U·g·protein·h^{-1})			
	丰葵杂 1 号	丰葵杂 1 号(CK)	7101	7101(CK)
0	42.00b	42.00b	63.00a	63.00a
12	39.00b	38.00b	38.33b	61.00a
24	38.33b	40.00b	33.00c	53.33a
36	31.00c	35.00b	23.00d	52.33a
48	22.33d	31.00b	26.50c	49.33a
60	24.33c	29.33b	21.50d	48.00a
72	20.00c	25.33b	20.00c	37.00a

注:表中各数值后不同字母表示同一品种同行数值在 0.05 水平差异显著,下同。

6.2.1.2　向日葵叶片过氧化物酶活性的变化

　　未处理的两个品种酶活性变化不大,抗病品种丰葵杂 1 号酶活性显著高于感病品种 7101,接种处理后,抗感品种酶活性均明显升高,7101 在处理 36 h 酶活性达到峰值,其活性是对照的 3.43 倍,随后酶活性逐渐下降;抗病品种丰葵杂 1 号在处理 48 h 酶活性达到峰值,其活性是此时对照的 1.25 倍,且比同期感病品种的酶活性还要高,随后酶活性逐渐降低。抗感品种处理与未处理的酶活性在处理 48 h 、60 h 时酶活性差异显著。

表 6 - 2 不同向日葵品种过氧化物酶活性变化

处理时间 /h	过氧化物酶活性/(U·mg·protein·min^{-1})			
	丰葵杂 1 号	丰葵杂 1 号(CK)	7101	7101(CK)
0	0.2473a	0.2473a	0.1384b	0.1384b
12	0.3478a	0.3249a	0.2507b	0.1685b
24	0.5548a	0.5474a	0.3393b	0.2584b
36	0.7631a	0.5530b	0.8432a	0.2461c
48	1.1823a	0.9425b	0.8141c	0.3982d
60	0.5586c	0.9286a	0.6606b	0.4088d
72	0.5654a	0.6523a	0.2310b	0.1922b

6.2.1.3 向日葵叶片过氧化氢酶活性的变化

接种处理的抗感品种向日葵叶片组织过氧化氢酶活性随着处理时间的延长均呈先显著上升后逐渐下降趋势,抗病品种丰葵杂 1 号和感病品种 7101 均在处理 48 h 酶活性达到峰值,抗感品种过氧化氢酶活性均明显高于对照,丰葵杂 1 号在处理 48 h 酶活性是对照的 6.69 倍;7101 在处理 48 h 酶活性是对照的 7.47 倍,但抗病品种过氧化氢酶活性最大峰值高于感病品种,未接种的抗感品种过氧化氢酶活性没有差异,接种处理的抗病品种过氧化氢酶活性在处理 48 h 前均高于感病品种,而在处理后 60 h、72 h 过氧化氢酶活性低于感病品种。

表6-3 不同向日葵品种过氧化氢酶活性变化

处理时间 /h	过氧化氢酶活性/（U·mg·protein·min^{-1}）			
	丰葵杂1号	丰葵杂1号（CK）	7101	7101（CK）
0	0.2317b	0.2317b	0.3105a	0.3105a
12	1.2142a	0.2613c	0.9859b	0.3550c
24	1.7568a	0.3132c	1.3131b	0.4134c
36	2.0463a	0.3623b	1.8992a	0.3752b
48	2.3568a	0.3522b	2.1537a	0.2883b
60	1.4264b	0.3750c	1.8423a	0.3214c
72	1.2473a	0.3769b	1.4214a	0.3579b

6.2.1.4　向日葵叶片超氧化物歧化酶活性的变化

处理0～72 h间，抗感品种向日葵叶片组织超氧化物歧化酶活性均呈先上升后下降趋势，处理12 h后，抗病品种丰葵杂1号超氧化物歧化酶活性是同期对照的2.57倍，而感病品种7101超氧化物歧化酶活性是同期对照的1.42倍。处理0～36 h，丰葵杂1号超氧化物歧化酶活性上升显著，7101超氧化物歧化酶活性只是略有上升，处理36 h，丰葵杂1号超氧化物歧化酶活性是感病品种的3.35倍，可见，接种后对抗病品种超氧化物歧化酶活性促进率明显高于感病品种。对照两个品种超氧化物歧化酶活性无明显变化规律，酶活性变化不大，抗感品种超氧化物歧化酶活性差异显著。

表 6 - 4 　不同向日葵品种超氧化物歧化酶活性变化

处理时间 /h	超氧化物歧化酶活性/（U·mg·protein·min^{-1}）			
	丰葵杂 1 号	丰葵杂 1 号（CK）	7101	7101（CK）
0	21.50a	21.50a	20.33a	20.33a
12	65.00a	25.33b	27.00b	19.00c
24	48.50a	25.33b	25.50b	23.50b
36	85.33a	23.00b	25.50b	23.50b
48	71.00a	23.33b	21.00b	21.00b
60	58.50a	28.00b	22.50c	20.33c
72	50.33a	25.50b	18.50c	19.50c

6.2.1.5　向日葵叶片多酚氧化酶活性的变化

　　丰葵杂 1 号和 7101 两个品种的多酚氧化酶活性都随处理时间的延长呈下降趋势,接菌处理的多酚氧化酶活性都小于对照,表明植株感病后多酚氧化酶的活性明显降低。方差分析表明,两个品种间的多酚氧化酶活性没有显著性差异。

表 6 - 5　不同向日葵品种多酚氧化酶活性变化

处理时间 /h	多酚氧化酶活性/(U·mg·protein·min^{-1})			
	丰葵杂 1 号	丰葵杂 1 号(CK)	7101	7101(CK)
0	4.4870a	4.4870a	4.0251a	4.0251a
12	3.921b	4.5013a	3.5217c	3.7418b
24	3.2306c	4.0213a	3.1792c	3.5500b
36	2.4800c	3.1400b	2.6900c	3.5300a
48	2.2437b	3.1300a	2.2313b	2.9147a
60	1.9838b	2.2747a	1.9500b	2.4317a
72	2.0127b	2.5735a	2.0847b	2.3216a

6.2.2　内源激素含量测定结果

6.2.2.1　内源水杨酸(SA)含量

处理 0 ~ 72 h 间,抗感品种向日葵叶片组织内源水杨酸含量均呈先上升后下降趋势,如图 6 - 1 所示。抗病品种丰葵杂 1 号在处理 24 h 内源水杨酸含量达到峰值,是同期对照的 1.35 倍,感病品种 7101 在处理 12 h 内源水杨酸含量达到峰值,随后迅速下降。抗感品种内源水杨酸含量在处理 0 ~ 72 h 均差异显著,未接菌处理的两个品种内源水杨酸含量变化比较平稳,没有明显规律。接菌处理的抗病品种在处理 12 ~ 36 h 与对照相比差异显著,在处理 48 ~ 72 h,无差异;接菌处理的感病品种在处理 12 ~ 72 h 与对照相比均差异显著,不同的是在处理 12 h 取样,接菌处理的 7101 感病品种高于对照,而其他时间段内源水杨酸含量均是对照高于接菌处理。

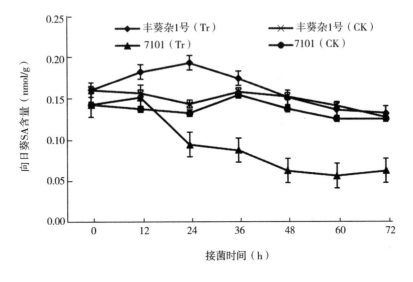

图 6 - 1　SA 含量变化

6.2.2.2　内源脱落酸(ABA)含量

向日葵不同品种感染菌核病菌后,叶片中 ABA 含量发生明显变化,如图 6 - 2 所示。两个品种叶片中 ABA 含量一直在稳步升高,处理 72 h,抗病品种丰葵杂 1 号 ABA 含量比其对照增加了 139.1%;感病品种 7101 叶片中 ABA 含量变化趋势为接菌后迅速升高随后逐渐降低。处理 12 h,两个品种叶片中 ABA 含量即达到高峰,与对照相比增加了 101.9%。在处理 12 h,抗病品种叶片中 ABA 含量低于感病品种,且差异显著;在处理 24 ~ 72 h,抗病品种叶片中 ABA 含量显著高于感病品种。未接菌处理的两个品种叶片中 ABA 含量无明显变化。

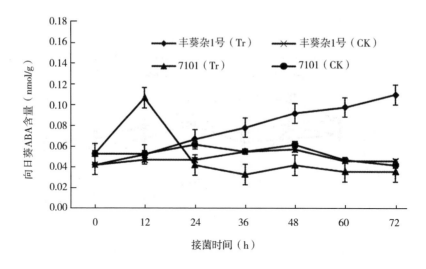

图 6-2 ABA 含量变化

6.2.3 细胞膜透性测定结果

如图 6-3 所示,接种处理后对向日葵叶片细胞膜有明显的毒害作用,随处理时间的延长,电导率值逐渐增加,对叶片细胞膜的损害作用逐渐加大。丰葵杂 1 号和 7101 在 0~72 h 内电导率值差异不显著,即接种处理对两个品种的细胞膜透性变化差异不明显;但与对照相比,两个品种在 12~72 h 电导率值均差异显著,两个品种电导率值增加幅度稍有不同,当处理 72 h 后,丰葵杂 1 号的电导率为 61.77%,较处理前增加了 42.5%,7101 的电导率为57.46%,较处理前增加了 38.9%,两个未处理的对照品种电导率值较为平稳,无明显变化规律。

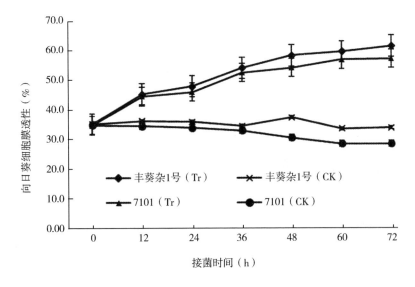

图6-3 相对电导率变化

6.2.4 生化物质含量测定结果

6.2.4.1 丙二醛含量测定

两个向日葵品种叶片中丙二醛含量的变化总趋势为先升高后降低,如图6-4所示。接菌后抗性强的品种叶片中丙二醛含量低,即向日葵叶片组织中丙二醛含量与抗病性呈负相关。处理12 h,丰葵杂1号丙二醛含量比对照增加了16.7%,7101丙二醛含量比对照增加了17.3%;处理36 h,两个品种叶片中丙二醛含量达到高峰,与对照相比分别增加了30.8%和79.1%。随后抗病品种丙二醛含量逐渐降低,但感病品种叶片中丙二醛含量仍明显高于抗病品种,说明抗病品种膜脂过氧化程度低于感病品种。未接种处理的两个品种其叶片内丙二醛含量无明显差异。

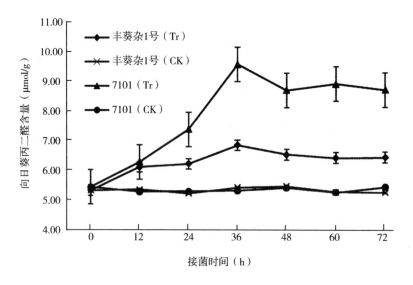

图6-4　丙二醛含量变化

6.2.4.2　蛋白质含量测定

两个品种向日葵叶片组织蛋白质含量均在接种处理36 h达到高峰,如图6-5所示。抗病品种蛋白质含量增加了60.5%,是此时其对照的1.66倍;感病品种蛋白质含量增加了27.6%,是此时其对照的1.33倍。接种后抗病品种叶片组织中蛋白质含量的增幅大于感病品种,随后,两个品种的蛋白质含量均逐渐下降。在接种处理0~72 h,两个品种只是在接种处理36 h蛋白含量差异显著,而其他取样时间均无明显差异;0~24 h,两个品种与未接种处理的也无明显差异;在36~72 h,接种处理的两个品种与对照相比差异显著。

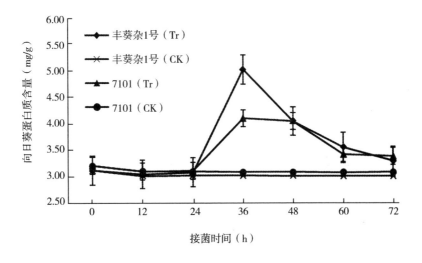

图 6－5 蛋白质含量变化

6.2.4.3 绿原酸含量测定

不同向日葵品种绿原酸含量测定结果如图 6－6 所示。两个向日葵品种在接种菌核病菌后,其叶片内绿原酸含量均是先升高后降低。抗病品种丰葵杂 1 号在处理 24 h 绿原酸含量达到峰值,是此时对照的 2.86 倍,与处理初期相比增加了 216.6%;感病品种 7101 在处理 48 h 绿原酸含量达到峰值,是此时对照的 1.15 倍,与处理初期相比增加了 92.9%。但在接种处理48 ~ 72 h,未接种处理的感病品种 7101 高于接种处理的绿原酸含量,接种处理的感病品种在各处理时间段取样其绿原酸含量均高于对照。

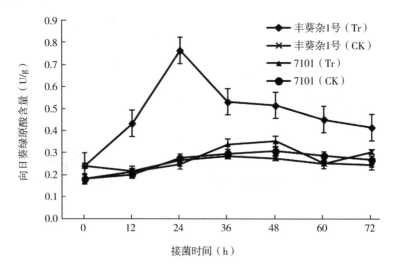

图 6 - 6　绿原酸含量变化

6.2.4.4　可溶性糖含量测定

　　未接种两个向日葵品种叶片可溶性糖含量变化幅度不大,如图 6 - 7 所示。接种处理感病品种的向日葵叶片组织可溶性糖含量在处理 0 ~ 24 h 升高幅度较为明显,高于抗病品种丰葵杂 1 号;在处理 36 h,两个品种叶片内可溶性糖含量均达到峰值,此时抗病品种可溶性糖含量是其对照的 2.17 倍,感病品种可溶性糖含量是其对照的 1.59 倍;在处理 48 h,抗病品种可溶性糖含量下降幅度较大,下降了 43.0% ,感病品种可溶性糖含量下降了 35.5% ;在处理 60 ~ 72 h,两个品种可溶性糖含量均有所回升;在处理 72 h,各处理可溶性糖含量差异显著。

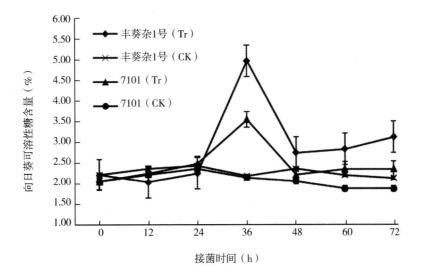

图 6 - 7　可溶性糖含量的变化

6.3　结论与讨论

6.3.1　防御酶活性与品种抗病性关系

苯丙氨酸解氨酶是苯丙烷类代谢途径的关键酶,是多数酚类物质合成的前驱体,苯丙氨酸解氨酶活性与植保素的合成和木质素的积累有关,可作为植物抗病性的一个生化指标。过氧化物酶参与多种防卫反应,是植物体内广泛存在的氧化还原酶类,主要作用是催化脂肪族、芳香族和酚类的氧化,促进细胞壁木质化。多酚氧化酶可将多酚物质氧化为能抑制病菌生育所需的转氨酶和磷酸化酶,并对纤维素酶和果胶酯酶有较强的抑制作用。过氧化氢酶和超氧化物歧化酶是保护细胞免受活性氧伤害的主要酶类,其作用是清除活性氧、阻止自由基形成、保护植物细胞膜系统等。本试验结果表明:接种处理 0 ~ 72 h 间,两个品种向日葵叶片组织苯丙氨酸解氨酶、多酚氧化酶活性均呈下降趋势,可见向日葵在感染菌核病后对苯丙氨酸解氨酶、多酚氧化酶活性有明显的抑制作用。方差分析表明,接种处理后感病品种PAL抑制率明显高于抗病品种,而接种处理对两个品种多酚氧化酶抑制率没有显著性差异。接种处理后对两个品种向日葵叶片组织过氧化物酶、过氧化氢酶、超氧化物歧化酶等几种酶活性均有促进作用,抗感品种过氧化物酶酶活性均明显升高,7101 在接种处理 36 h 酶活性达到峰值,其活性是对照的 3.43 倍,随后酶活性逐渐下降;抗病品种丰葵杂 1 号在接种处理 48 h 酶活性达到峰值,其活性是此时对照的 1.25 倍。接菌处理的向日葵幼苗体内过氧化氢酶、超氧化物歧化酶活性均是随着处理时间的延长均呈先显著上升后逐渐下降趋势,丰葵杂 1 号在接种处理 48 h 过氧化氢酶酶活性是对照的 6.69 倍,7101 在处理 48 h 酶活性是对照的 7.47 倍,但抗病品种过氧化氢酶活性最大峰值高于感病品种。在接种处理 12 h 后,抗病品种丰葵杂 1 号超氧化物歧化酶活性是同期对照的 2.57 倍,而感病品种 7101 超氧化物歧化酶活性是同期对照的 1.42 倍,两个品种超氧化物歧化酶酶活性差异显著。

6.3.2　内源激素和细胞膜透性与品种抗病性关系

水杨酸和脱落酸被认为是系统获得抗性的重要信号分子,参与植物抗性基因表达的信号转导。本书发现向日葵幼苗在接种菌核病菌后,不同品种内源水杨酸水平在短时间内就会上升,大约 24 h 达到峰值。抗病品种脱落酸含量在接菌后就一直处于升高状态,感病品种脱落酸含量则是接菌后迅速上升而后又迅速回落,原因可能是两个品种各有各的信号转导机制或系统获得抗性的内源信号分子。细胞膜透性在一定意义上能反映细胞膜结构受损伤程度,许多研究表明,病菌对寄主的破坏作用首先是影响细胞膜系统,导致细胞内容物大量外渗。本试验选择的两个向日葵品种在经过接种菌核病菌处理后,其细胞膜透性均遭到了很严重的损害,但是所选的两个品种之间并没有显著差异。

6.3.3　生化物质含量与品种抗病性关系

丙二醛是膜脂过氧化的最终产物,丙二醛的大量累积可对生物膜造成不可逆的损伤,加快病原菌对植物的侵染速度。可溶性糖在植物体内主要参与呼吸代谢,为植物生理活动提供能量并为其他物质的合成提供中间产物。蛋白质是植物细胞中最重要的有机物质之一,是细胞结构中最重要的成分。绿原酸是苯丙酸类代谢的产物之一,并与寄主植物的抗病性有密切关系。本试验表明:接种处理后感病品种叶片中丙二醛含量明显高于抗病品种,说明抗病品种膜脂过氧化程度低于感病品种;接种后抗病品种叶片组织中蛋白质含量的增幅大于感病品种,两个品种向日葵叶片组织蛋白质含量均在接种处理36 h达到高峰。接种后,两个品种向日葵叶片内绿原酸含量均显著增加,感病品种在各处理时间段取样其绿原酸含量均高于对照。接种处理感病品种的向日葵叶片组织可溶性糖含量在0~24 h升高幅度较为明显,高于抗病品种,接种36~72 h,两个品种可溶性糖含量差异显著,抗病品种可溶性糖含量高于感病品种。

第七章

结 论

7.1 向日葵菌核病发病规律

7.1.1 室内试验结果

菌核在 20 ℃最适生长及萌发,且萌发时间较短,培养 40 天萌发率及长盘率达到最大。土壤含水量为 50%,在菌核培养第 40 天萌发率及长盘率达到最大。低温处理对缩短菌核萌发时间具有一定的作用,− 5 ℃与 − 20 ℃处理 20 天可使菌核萌发与子囊盘最大产生量分别提前 10 天和 5 天,而对菌核萌发数量与子囊盘产生数量没有显著影响。培养基质偏酸性更有利于向日葵菌核的萌发及生长;培养菌核的土壤深度越浅越有利于菌核的萌发及长盘。不同培养基质间的萌发和长盘量上差别不大。子囊孢子在 10 ~ 30 ℃之间均可萌发,最适温度为 25 ℃,最适 pH 值为 7 ~ 8,营养条件对核盘菌子囊孢子的萌发影响较大。该试验中,PS、大豆汁、油菜汁和茄子汁可促进孢子的萌发,而 PD 则抑制孢子的萌发。有无光照对子囊孢子萌发无显著影响。子囊孢子在 15 ~ 30 ℃之间均可侵染寄主使其发病,侵染最适温度在 20 ~ 25 ℃之间。子囊孢子仅在相对湿度达 100% 条件下才可侵染发病。

7.1.2 盆栽试验结果

随着接菌量增大,各不同处理的感病植株数量有所增加,可以判断在一定的菌量范围内,向日葵发病率与菌量增加成正比。大豆菌核可以感染向日葵使其发病,低浓度的使用量(1‰)对向日葵发病无明显作用,随着处理浓度的升高向日葵的发病率也增高,说明在一定范围内大豆菌核浓度越高向日葵越容易感病。在不同土壤 pH 值处理下作物均有感病,说明菌株具有广泛的 pH 值适应范围,pH 值为 5 和 8 两个处理感病植株数最多。菌核所处水平及垂直位置对向日葵菌核病发病也有一定的影响,距离作物种子越近,作物越容易感病。

7.1.3 田间试验结果

两个品种菌核病发病率及病情指数均随着菌量的增加呈上升趋势,但在抗病品种上病情增加不如在感病品种上表现得明显。播期试验结果,不同播期对向日葵苗腐的影响较小,两个品种上,3 个播期的菌核病苗腐病情间差异均不显著。播期对盘腐的发生影响较大,两个品种 3 个播期的盘腐的病情差异均达极显著,迟播可明显降低盘腐的发生程度。不同种植密度对菌核病苗腐的病情影响不大;而对盘腐来说,种植密度越大盘腐的病情越重,降低种植密度可以有效减少菌核病盘腐的发生。同时种植密度较高时向日葵产量较低,而适宜地降低种植密度会达到明显的增产效果。向日葵与矮秆作物进行间作,有减轻向日葵菌核病盘腐发病的作用。适当增加矮秆作物的种植垄数,减轻病害发生的效果更好。N 肥增加有利于田间菌核形成子囊盘和加重菌核病的发生程度,但 P 肥、K 肥对田间菌核形成子囊盘和菌核病的发生程度影响其规律性尚未得出。对土壤湿度、土壤温度、大气平均相对湿度及大气平均气压等环境因子分别与病情指数进行相关性分析,表明除土壤温度外,其他环境因子与盘腐的病情指数都呈正相关,环境因子中对盘腐的病情指数影响大小关系为:土壤温度 > 土壤湿度 > 大气平均相对湿度 > 大气平均气压。在环境因子中,土壤湿度和土壤温度可能影响子囊盘的萌发与生长,而大气平均相对湿度和大气平均气压可能影响子囊孢子的侵染。

7.2 向日葵菌核病菌遗传多样性

本试验对 115 个核盘菌进行遗传多样性研究发现:遗传多样性水平总体呈现比较丰富的状态,说明 SSR 技术是研究核盘菌遗传多样性的有效手段,遗传多样性指数最高的为黑龙江群体,最低的是内蒙古群体,这可能与内蒙古群体的菌株数目较少有关系。随着样本采集地点和各点菌株数量的增多,核盘菌在同一地理种群下的变异增大,表明各点样本的增加提高了多样性水平,证明不同菌株间存在一定程度的遗传变异。3个地理来源不同的群体聚类分析结果显示,来自于黑龙江的菌株聚类在一起,来自于吉林和内蒙古的菌株分别聚成一类,说明核盘菌分离物在长期的进化过程中形成了特有的遗传结构。来自黑龙江、吉林和内蒙古等地区的115个核盘菌菌株被划分为35个亲和组,说明在东北地区引起向日葵菌核病的核盘菌的营养亲和群变异比较大,存在遗传多样性。一般而言,来源相同的菌株具有更大的遗传相似性。

7.3 向日葵菌核病菌致病力分化

菌株的致病力与草酸分泌量呈正相关($r = 0.758, P \leqslant 0.01$);与产生的总酸的 pH 值之间呈负相关($r = -0.794, P \leqslant 0.01$);草酸分泌量与总酸的 pH 值之间呈显著负相关关系($r = -0.639, P \leqslant 0.01$)。

7.4 向日葵菌核病抗性鉴定

菌核病菌菌丝体悬浮液和孢子悬浮液两种接种物均可使向日葵品种产生盘腐症状。用菌丝体悬浮液和孢子悬浮液接种时,浓度为 $10.0 \sim 15.0$ g/L 和 $2.5 \times 10^4 \sim 4 \times 10^4$ 个每毫升即可区分出向日葵品种间抗感性差异。接种后套牛皮纸袋保湿 $2 \sim 4$ 天即可;始花期接种病情指数显著高于盛花期。同时筛选出 7 个对盘腐型菌核病表现抗病的向日葵品种。本试验所建立的田间接种方法能够有效地对向日葵进行抗菌核病筛选和鉴定。

7.5 向日葵菌核病菌毒素致病机理

向日葵菌核病菌毒素可以显著提高多聚半乳糖醛酸酶、果胶酯酶、几丁质酶、$\beta - 1,3 -$ 葡聚糖酶和蔗糖酶的活性;可以显著提高处理 36 h 后丙二醛、可溶性糖、蛋白质、木质素、游离脯氨酸的含量,同时可以显著降低植株叶片的叶绿素含量。

7.6 向日葵菌核病抗性机制研究

7.6.1 防御酶系活性

接种处理 0 ~ 72 h 间,两个品种向日葵叶片组织苯丙氨酸解氨酶、多酚氧化酶活性均呈下降趋势,可见向日葵在感染菌核病后对苯丙氨酸解氨酶、多酚氧化酶活性有明显的抑制作用。方差分析表明,接种处理后感病品种苯丙氨酸解氨酶抑制率明显高于抗病品种,而接种处理对两个品种多酚氧化酶抑制率没有显著性差异。接种处理后对两个品种向日葵叶片组织过氧化物酶、过氧化氢酶、超氧化物歧化酶等几种酶活性均有促进作用。

7.6.2 内源激素及细胞膜透性

向日葵幼苗在接种菌核病菌后,不同品种内源水杨酸水平在短时间内就会上升,大约 24 h 达到峰值;抗病品种脱落酸含量在接菌后就一直处于升高状态,感病品种脱落酸含量则是接菌后迅速上升而后又迅速回落。本试验选择的两个向日葵品种在经过接种菌核病菌处理后,其细胞膜透性均遭到了很严重的损害,但是所选的两个品种之间并没有显著差异。

7.6.3 生化物质含量

接种处理后感病品种叶片中丙二醛含量明显高于抗病品种,说明抗病品种膜脂过氧化程度低于感病品种;接种后抗病品种叶片组织中蛋白质含量的增幅大于感病品种,两个品种向日葵叶片组织蛋白质含量均在接种处理 36 h 达到高峰。接种后,两个品种向日葵叶片内绿原酸含量均显著增加,感病品种在各处理时间段取样其绿原酸含量均高于对照;接种处理感病品种的向日葵叶片组织可溶性糖含量在 $0 \sim 24$ h 升高幅度较为明显,高于抗病品种。

附

图

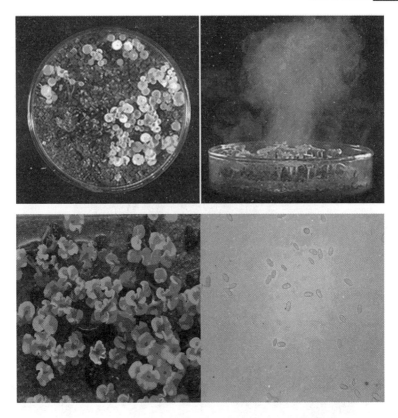

图 1　子囊孢子萌发及喷射

| R-5.9 | R-6 | R-7 |

| R-8 | R-9 |

图 2　向日葵花期的划分

图 3　毒素处理、接菌处理及未处理的向日葵幼苗

图4　田间接种及抗病性鉴定

图5　田间土壤耕层对菌核萌发的影响

图6　盆栽试验图片

图7　菌核萌发试验

图8　菌核萌发试验1

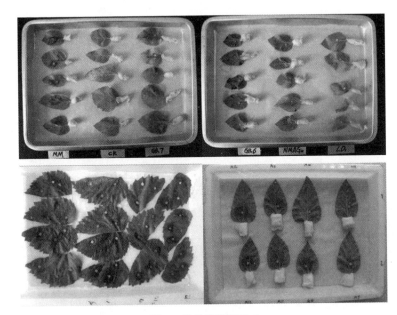

图9　菌核萌发试验2

图10　菌核萌发试验3

参考文献

［1］Vear F，梁国战. 向日葵含油量与菌核病抗性间的关系［J］. 国外农学：向日葵，1989（1）：21－24.

［2］近藤正夫，华致甫. 北海道向日葵花盘腐烂菌核病的发生和防治［J］. 国外农学：向日葵，1990（2）：41－42.

［3］王静，张剑茹，崔超敏，等. 向日葵菌核病研究进展［J］. 内蒙古农业科技，2006（6）：25－28.

［4］Liu J，Zhang Y，Meng Q，et al. Physiological and biochemical responses in sunflower leaves infected by，Sclerotinia sclerotiorum［J］. Physiological and Molecular Plant Pathology，2017，100：41－48.

［5］Masirevic S，Gulya T J. Sclerotinia and Phomopsis－two devastating sunflower pathogens［J］. Field Crops Research，1992，30（3－4）：271－300.

［6］Suszkiw J. New sunflower germplasm holds its own against head rot.［J］. Agricultural Research，2004（7）：58－65.

［7］Culya T J，汪国森. 美国北达科他州向日葵盘腐病：1986 年发生、对产量和油分的影响以及抗源［J］. 国外农学：向日葵，1990（2）：51－55.

［8］Degener J，Melchinger A E，Hahn V. Optimal allocation of resources in evaluating current sunflower inbred lines for resistance to Sclerotinia［J］. Plant Breeding，2008，118（2）：157－160.

［9］Hahn V. Genetic variation for resistance to Sclerotinia head rot in sunflower inbred lines［J］. Field Crops Research，2002，77（2－3）：159.

［10］S. Rönicke，Hahn V，Horn R，et al. Interspecific hybrids of sunflower as a source of Sclerotinia resistance［J］. Plant Breeding，2008，123（2）：152－157.

［11］Degener J，Melchinger A E，Gumber R K，et al. Breeding for Sclerotinia resistance in sunflower：A modified screening test and assessment of genetic variation in current germplasm［J］. Plant Breeding，1998，117：367－372.

［12］Grezes－Besset B，Tournade G，Arnauld O，et al. A Greenhouse Method to Assess Sunflower Resistance to Sclerotinia Root and Basal Stem Infections［J］. Plant Breeding，1994，112（3）：215－222.

［13］邵玉彬. 向日葵菌核病防治研究现状［J］. 国外农学：向日葵，1991，（1）：

1 – 5.

[14]汪国森.向日葵抗菌核病育种研究进展[J].国外农学:向日葵,1990,
(2):34 – 36.

[15]黄绪堂.向日葵抗菌核病育种研究现状[J].中国油料,1993(2):
78 – 80.

[16]黄绪堂,王贵.向日葵菌核病抗性配合力和遗传力分析[J].中国油料,
1989,(4):33 – 35.

[17]王玉杰.向日葵菌核病病原菌遗传多样性及致病力分化的研究[D].呼
和浩特:内蒙古农业大学,2011.

[18]尹玉琦,李国英.新疆农作物病害[M].乌鲁木齐:新疆科技卫生出版
社,1995.

[19]兰海燕.几种向日葵菌核病抗性鉴定方法的比较[J].植物保护,2000,
26(6):26 – 28.

[20]孟庆林,马立功,刘佳,等.向日葵菌核病田间接种方法及品种抗病性研
究[J].中国油料作物学报,2014,36(1):113 – 116.

[21]孟庆林,马立功,石凤梅,等.向日葵菌核病田间接种方法研究[J].中国
农学通报,2014,30(19):272 – 276.

[22]于秀英,王罡,季静,等.向日葵品系对菌核病的抗性鉴定[J].内蒙古民
族大学学报(自然科学版),2007,2(22):154 – 156.

[23]华致甫,李恒.吉林省向日葵菌核病综合防治措施研究及大面积应用效
果[J].植物保护学报,1994,21(2):127 – 134.

[24]黄绪堂.向日葵菌核病接种方法[J].中国油料作物学报,1991(1):
80 – 82.

[25]乔春贵,李树强,陈学君,等.向日葵菌核病的研究和防治[J].作物杂
志,1995(6):29 – 30.

[26]向理军,雷中华,石必显,等.向日葵菌核病菌的生长发育和侵染循环
[J].新疆农业科,2007,44 (S2):181 – 182.

[27]王崇仁,汪国森,吴友三.核盘菌侵染循环类型的研究[J].植物病理学
报,1992(4):293 – 299.

[28]Chang L Q,Stewards F C.Eletrophoresis separation of the soluble protein of

Neurospora[J]. Nature,1962,(193):756－759.

[29]Petersen G R,Russo G M,Etten J L V. Identification of major proteins in sclerotia ofSclerotinia minorandSclerotinia trifoliorum[J]. Experimental Mycology,1982,6(3):268－273.

[30]Tariq V N,Gutteridge C S,Jeffries P. Comparative studies of cultural and biochemical characteristics used for distinguishing species within Sclerotinia [J]. Transactions of the British Mycological Society,1985,84（3）:381－397.

[31]黄绪堂.黑龙江省向日葵综合高产栽培技术[J].作物杂志,1998(6):20.

[32]宋超.新疆向日葵菌核病发病规律及诱导抗性的研究[D].石河子:石河子大学,2007.

[33]李柏年,刘建中,刘复伟.向日葵菌核病与气象因子的相关分析[J].黑龙江农业科学,1995(1):40－41.

[34]纪武鹏,于琳,戴志铖,等.佳木斯地区向日葵菌核病发病规律初步研究[J].现代化农业,2013(2):13－14.

[35]陈志,张继俊.向日葵菌核病的发生规律及防治技术探讨[J].植保技术与推广,1997(5):19.

[36]张捷,杨新元,贾爱红,等.向日葵菌核病、黄萎病的发生及综合防治技术[J].安徽农学通报,2014(21):60－61.

[37]刘秋,于基成,房德纯,等.向日葵菌核病的生物学特性研究[J].辽宁农业科学,2000(4):1－4.

[38]石凤梅,孟庆林,马立功,等.大豆菌核病菌生物学特性的研究[J].大豆科学,2013(2):224－228.

[39]刘红雨,刘勇.油菜苗期室内抗菌核病性研究:Ⅱ.花期子囊孢子喷雾接种法鉴定抗性[J].西南农业学报,1994,7(4):108－110.

[40]冉毅,文成敬,牛应泽.油菜菌核病抗性鉴定方法的比较及抗源的筛选[J].植物保护学报,2007,34(6):601－606.

[41]刘勇,布朗·特伯德.油菜菌核病田间抗性鉴定和筛选:Ⅰ.火柴棍茎杆菌丝接种法[J].西南农业学报,1993(6):42－46.

[42]于秀英,王罡,张宁.不同地区向日葵核盘菌菌株的多样性研究[J].河北北方学院学报(自然科学版),2007(01):22-26.

[43]李伟.江苏省油菜菌核病菌群体遗传结构分析[D].南京:南京农业大学,2007.

[44]刘晓红,周航,姬红丽,等.四川蔬菜核盘菌种群结构初步研究[J].西南农业学报,2004,17(5):618-623.

[45]李沛利.四川省核盘菌种群结构研究[D].雅安:四川农业大学,2006.

[46]Tautz D,Trick M,Dover G A. Cryptic simplicity in DNA is a major source of genetic variation[J]. Nature,1986,322(6080):652-656.

[47]Wang Z,Weber J L,Zhong Q. Survey of plant short tandem DNA repeats [J]. TAG Theoretical and Applied Genetics,1994,88(1):1-6.

[48]Pratt R G,Rowe D E. Comparative pathogenicity of isolates of Sclerotinia trifoliorum and S. sclerotiorum on alfalfa cultivars[J]. Plant Disease,1995,79 (5):474.

[49]李建厂,李永红,陈文杰,等.向日葵核盘菌菌株致病性研究及其温度效应[J].西北农业学报,2003,12(1):114-117.

[50]李永红,王灏,李建厂,等.核盘菌对油菜、向日葵和大豆的侵染及其致病性分化研究[J].植物病理学报,2005(06):8-14.

[51]李沛利,叶华智.核盘菌致病性分化研究[J].植物保护,2006,32(5) 29-31.

[52]刘春来,刘兴龙,王爽,等.不同来源向日葵菌核病分离物致病性分化研究[J].黑龙江农业科学,2013(04):43-46.

[53]石凤梅,孟庆林,马立功,等.黑龙江省大豆和向日葵核盘菌的致病性分化[J].中国油料作物学报,2013(35):418-420.

[54]Piccard J. Ueber einige Bestandtheile der Pappelknospen[J]. European Journal of Inorganic Chemistry,2010,6(2):890-893.

[55]吴纯仁,刘后利.油菜菌核病致病机理的研究:I.植物毒素的产生及毒素晶体扫描电镜观察[J].中国油料,1989(1):22-25.

[56]刘秋,于基成,房德纯,等.向日葵菌核病菌毒素的产生及其生物活性的测定[J].沈阳农业大学学报,2001,32(6):422-425.

［57］孟凡祥,于基成.向日葵菌核病的发病规律研究［J］.辽宁农业科学,2001(3):4－6.

［58］张笑宇.向日葵菌核病菌毒素对向日葵体内几种酶活性的影响［J］.北京农学院学报,2005,20(1):49－52.

［59］Huang H C,Hoes J A. Penetration and infection of Sclerotinia sclerotiorum by Coniothyrium minitans［J］. Canadian Journal of Botany,2011,54(5－6):406－410.

［60］M. A. Rodríguez,Venedikian N,Bazzalo M E,et al. Histopathology ofSclerotinia SclerotiorumAttack on Flower Parts ofHelianthus Annuusheads in Tolerant and Susceptible Varieties［J］. Mycopathologia, 2004, 157(3): 291－302.

［61］陈志,张继俊.向日葵菌核病的发生规律及防治技术探讨［J］.植保技术与维护,1997(5):19.

［62］杨谦,Fox R T V.核盘菌在亚麻上侵染致病的微观过程［J］.植物病理学报,1996. 26(4):325－329.

［63］Marciano P,Lenna P D,Magro P. Oxalic acid,cell wall－degrading enzymes and pH in pathogenesis and their significance in the virulence of two Sclerotinia sclerotiorum isolates on sunflower［J］. Physiological Plant Pathology,1983,22(3):339－345.

［64］Godoy G,Steadman J R,Dickman M B,et al. Use of mutants to demonstrate the role of oxalic acid in pathogenicity of Sclerotinia sclerotiorum on Phaseolus vulgaris［J］. Physiological and Molecular Plant Pathology,1990,37(3):179－191.

［65］Clark C A. Comparative Histopathology of Botrytis squamosa and B. cinerea on Onion Leaves［J］. Phytopathology,1976,66(11):1279－1289.

［66］Maxwell D P. Oxalic Acid Production by Sclerotinia sclerotiorum in Infected Bean and in Culture［J］. Phytopathology,1970,60(9):1395－1398.

［67］Rai J N,Singh R P,Saxena V C. Phenolics and cell wall degrading enzymes in Sclerotinia infection of resistance and Susceptible plants of Brassica juncea［J］. Indian J Mycol and Plant Pathol,1979,9(2):160－165.

[68]Poussereau N，Creton S，Geneviève Billon – Grand，et al. Regulation of acp1，encoding a non – aspartyl acid protease expressed during pathogenesis of Sclerotinia sclerotiorum[J]. Microbiology，2001，147(Pt 3)：717 – 726.

[69]刘学敏，欧师琪，龚万金，等. 向日葵菌核病菌接种方法试验[J]. 吉林农业大学学报，2004，26(4)：381 – 382.

[70]黄绪堂. 向日葵菌核病抗性的遗传机制与育种研究进展[J]. 黑龙江农业科学，1999(02)：46 – 48.

[71]臧宪朋，徐幼平，蔡新忠，等. 一种基于菌丝悬浮液的核盘菌(Sclerotiniasclerotiorum)接种方法的建立[J]. 浙江大学学报(农业与生命科学版)，2010，36(4)：381 – 386.

[72]贺超英，王伟权，东方阳，等. 大豆1，5 – 二磷酸核酮糖羧化酶小亚基基因的转录表达分析[J]. 科学通报，2001(16)：1375 – 1380.

[73]侯亚光，王钰杰，赵君. 国外向日葵菌核病的研究进展[J]. 黑龙江农业科学，2010(09)：98 – 100.

[74]杨慎之，李晓健. 向日葵品种抗菌核病鉴定初报[J]. 作物品种资源，1990(4)：34 – 34.

[75]杨渊华，董天化. 油用向日葵菌核病的气象条件研究[J]. 中国农业气象，1994，15(05)：15 – 18.

[76]焦春香. 甘蓝型油菜抗菌核病的生理生化机理的初步研究[D]. 武汉：华中农业大学，2005.

[77]金良. 甘蓝型油菜抗(耐)菌核病分子机理的初步分析[D]. 武汉：华中农业大学，2003.

[78]张学昆，李加纳，唐章林，等. 油菜几丁质酶的特点及其与抗菌核病的关系[J]. 西南大学学报(自然科学版)，2001，23(3)：208 – 210.

[79]刘胜毅，张建坤，许泽永，等. 甘蓝型油菜对核盘菌及其毒素的抗性遗传分析[J]. 植物保护学报，2005，32(1)：43 – 47.

[80]熊秋芳，刘胜毅，李合生. 抗感菌核油菜品种几种酶活性对草酸处理的响应[J]. 华中农业大学学报，1998，17(1)：10 – 13.

[81]倪守延，承河元，杨文翠，等. "黄鳝籽"油菜植株内含物与菌核病扩展的关系[J]. 生物数学学报，1995(2)：34 – 40.

[82] Ryals J A，Neuenschwander U H，Willits M G，et al. Systemic Acquired Resistance[J]. The Plant Cell,1996,8(10):1809 – 1819.

[83] Shah J. The salicylic acid loop in plant defense[J]. Current Opinion in Plant Biology,2003,6(4):365 – 371.

[84] Klessig D F，Durner J，Noad R，et al. Nitric oxide and salicylic acid signaling in plant defense[J]. Proceedings of the National Academy of Sciences, 2000,97(16):8849 – 8855.

[85] Klessig D F，Jörg Durner，Navarre R，et al. Salicylic Acid – And Nitric Oxide – Mediated Signal Transduction In Disease Resistance[J]. Signal Transduction in Plants,2001(01):201 – 207.

[86] 贾爱红,杨新元,王鹏冬,等.向日葵主要病害的发生及综合防治[J].山西农业科学,2004,32(3):61 – 64.

[87] 卫冬妹.核盘菌弱毒相关病毒基因组分子生物学特性的初步研究[D].武汉:华中农业大学,2003.

[88] 姜道宏,李国庆,付艳平,等.核盘菌 EP – 1PN 菌株弱毒特性的自我修复[J].自然科学进展,1999,9(12):1355 – 1357.

[89] 于秀英,刘海学,张丽娟,等.向日葵菌核病研究进展[J].内蒙古民族大学学报(自然科学版),2002,(5):467 – 469.

[90] Hsiang，Mahuku. Genetic variation within and between southern Ontario populations of Sclerotinia homoeocarpa[J]. Plant Pathology, 1999, 48(1): 83 – 94.

[91] Friggeri A，Feringa B L，Esch J V. Entrapment and release of quinoline derivatives using a hydrogel of a low molecular weight gelator[J]. Journal of Controlled Release,2004,97(2):241 – 248.

[92] Maiti M，Roy A，Roy S. Effect of pH and amphiphile concentration on the gel – emulsion of sodium salt of 2 – dodecylpyridine – 5 – boronic acid: Entrapment and release of vitamin B12[J]. Colloids and Surfaces A: Physicochemical and Engineering Aspects,2014,461:76 – 84.

[93] 杨谦,张翼鹏.核盘菌子囊盘形成的影响因子[J].东北林业大学学报, 1995(02):126 – 130.

[94]李柏年,刘建中,刘复伟.向日葵菌核病与气象因子的相关分析[J].黑龙江农业科学,1995(1):40-41.

[95]Willetts H J,Wong J A L. The biology of Sclerotinia sclerotiorum,S. trifoliorum,and S. minor with emphasis on specific nomenclature[J]. The Botanical Review,1980,46(2):101-165.

[96]Kruger W. The effect of environmental factors on the developmentof apothecia and ascospores ofThe rape stalk-break pathogen Sclerotinia sclerotiorum(Lib.)deBary[J]. Zeitschrift fur Pflanzenkrankheiter and Pflanzenschutz,1975,82:101-108.

[97]张笑宇.向日葵菌核病菌毒素产生条件及致病机理的研究[D].呼和浩特:内蒙古农业大学,2005.

[98]王鹏,李万云,刘胜利,等.向日葵菌核病致病机理及其防治方法对比分析[J].陕西农业科学,2014,60(1):4-9.

[99]乔春贵,李树强,陈学君,等.向日葵菌核病的研究和防治[J].作物杂志,1995(6):29-30.

[100]Mert-Turk F,Ipek M,Mermer D,et al. Microsatellite and Morphological Markers Reveal Genetic Variation within a Population of Sclerotinia sclerotiorum from Oilseed Rape in the Canakkale Province of Turkey[J]. Journal of Phytopathology,2010,155(3):182-187.

[101]Bardin S D,Huang H C. Research on biology and control of Sclerotinia diseases in Canada1[J]. Canadian Journal of Plant Pathology,2001,23(1):88-98.

[102]杨丹.湖北省油菜菌核病病菌多样性研究[D].武汉:华中农业大学,2010.

[103]曾大兴,戚佩坤,姜子德.弯孢类炭疽菌rDNA ITS区的RFLP分析及分类研究[J].植物病理学报,2004,34(5):431-436.

[104]Sirjusingh C,Kohn L M. Characterization of microsatellites in the fungal plant pathogen,Sclerotinia sclerotiorum[J]. Molecular Ecology Resources,2001,1(4):267-269.

[105]李沛利,秦芸,严吉明,等.四川省核盘菌的营养体亲和性[J].四川农

业大学学报,2010(3):324 - 327.

[106]刘春来,刘兴龙,王爽,等.不同来源向日葵菌核病分离物致病性分化研究[J].黑龙江农业科学,2013(04):43 - 46.

[107]胡小平.陕西苹果黑星病流行规律及其病原菌遗传多样性的 SSR 分析[D].咸阳:西北农林科技大学,2004.

[108]李晓辉.核盘菌菌核围微生物多样性分析及拮抗细菌筛选[D].武汉:华中农业大学,2013.

[109]韩广振.大豆抗菌核病种质鉴定及不同来源菌核病分离物的遗传多样性分析[D].北京:中国农业科学院,2010.

[110]Tourneau D L. Morphology,Cytology,and Physiology of Sclerotinia Species in Culture[J]. Phytopathology,1979,69(8):887 - 890.

[111]黄娟.核盘菌致病机制的关键因子分析[D].武汉:华中农业大学,2006.

[112]羊国根,程家森.核盘菌致病机理研究进展[J].生物技术通报,2018,34(4):15 - 21.

[113]张源,阮颖,彭琦,等.油菜菌核病致病机理研究进展[J].作物研究,2006,20(5):549 - 551.

[114]李建厂,李永红,陈文杰,等.向日葵核盘菌菌株致病性研究及其温度效应[J].西北农业学报,2003,12(1):114 - 117.

[115]M. A. Rodríguez,Venedikian N ,Bazzalo M E ,et al. Histopathology ofScle-rotinia SclerotiorumAttack on Flower Parts ofHelianthus Annuusheads in Tolerant and Susceptible Varieties[J]. Mycopathologia,2004,157(3):291 - 302.

[116]Boland G J ,Hall R. Index of plant hosts of Sclerotinia sclerotiorum[J]. Canadian Journal of Plant Pathology,1994,16(2):93 - 108.

[117]李永红,王灏,李建厂,等.核盘菌对油菜、向日葵和大豆的侵染及其致病性分化研究[J].植物病理学报,2005(06):8 - 14.

[118]刘勇,刘红雨,曾正宜.油菜菌核病菌系致病性研究[J].中国油料作物学报,2001,23(3):54 - 56.

[119]杜娟,刘昭,刘少云,等.菌核病接种方法及新疆核盘菌致病力差异的

初步研究[J].石河子大学学报(自然科学版),2004,26(6):691－694.

[120]唐庆华.新疆向日葵菌核病菌生物学特性及品种抗病性研究[D].石河子:石河子大学,2006.

[121]李振歧.植物免疫学[M].北京:中国农业出版社,1995.

[122]Anderson F N,Steadman J R,Coyne D P,et al. Tolerance to white mold in Phaseolus vulgaris dry edible bean types [J]. Plant Disease Report,1974, 58:782~784.

[123]Twengström E,Köpmans E.,Sigvald R ,et al. Influence of Different Irrigation Regimes on Carpogenic Germination of Sclerotia of Sclevotinia sclerotiorum[J]. Journal of Phytopathology,2008,146(10):487－493.

[124]Piccard J. Ueber einige Bestandtheile der Pappelknospen[J]. European Journal of Inorganic Chemistry,2010,6(2):890－893.

[125]Noyes R D ,Hancock J G. Role of oxalic acid in the Sclerotinia wilt of sunflower[J]. Physiological Plant Pathology,1981,18(2):123－132.

[126]朱小惠,陈小龙.油菜菌核病的致病机理和生物防治[J].浙江农业科学,2010(05):108－112.

[127]刘胜毅,周必文.菌核菌生长和产生草酸的营养和环境条件研究[J].1993,20(4):196－199.

[128]吴纯仁,刘后利.草酸毒素在油菜抗病育种中的应用[J].中国农业科学,1991,24(4):41－46.

[129]赵建伟,肖玲,何凤仙,等.甘蓝型油菜远缘杂交新品系某些酶的活性与抗菌核病的关系[J].中国油料作物学报,1998(1):38－41.

[130]熊秋芳,刘胜毅,李合生.抗、感菌核病油菜品种几种酶活性对草酸处理的响应[J].华中农业大学学报,1998,17(1):10－13.

[131]李玉芳,官春云.油菜菌核病菌侵染的组织病理学、致病及抗病机制的研究[J].作物研究,2005(S1):327－331.

[132]张笑宇,刘正垣,杨海明,等.影响向日葵菌核菌(Sclerotinia sclerotiorum)生长和毒素产生的条件研究[J].中国油料作物学报,2009,31(1):65－69.

[133]周培根,罗祖友,戚晓玉,等.桃成熟期间果实软化与果胶及有关酶的关系[J].南京农业大学学报,1991,14(2):33 – 37.

[134]阚娟,刘涛,金昌海,等.硬溶质型桃果实成熟过程中细胞壁多糖降解特性及其相关酶研究[J].食品科学,2011(4):275 – 281.

[135]茅林春,张上隆.果胶酶和纤维素酶在桃果实成熟和絮败中的作用[J].园艺学报,2001,28(2):107 – 111.

[136]张元薇,辛颖,陈复生.果实软化过程中果胶降解酶及相关基因研究进展[J].保鲜与加工,2019,19(02):155 – 161.

[137]徐晓波.李果成熟过程中细胞壁多糖的降解和相关酶的研究[D].扬州:扬州大学,2008.

[138]肖拴锁,王钧.水稻中超氧诱导与稻瘟菌抗性及苯丙氨酸解氨酶,几丁酶,β – 1,3 – 葡聚糖酶活性诱导的关系[J].中国水稻科学,1997,11(2):93 – 102.

[139]崔辉梅,石国亮,安君和.马铃薯还原糖含量测定方法的比较研究[J].安徽农业科学,2006,34(19):4821 – 4823.

[140]陈建勋,王晓峰.植物生理学实验指导[M].广州:华南理工大学出版社,2002.

[141]张志良.植物生理学实验指导[M].北京:高等教育出版社,2003.

[142]邹琦.植物生理生化实验指导[M].北京:中国农业出版社,2000.

[143]范鹏程,田静,黄静美,等.花生壳中纤维素和木质素含量的测定方法[J].重庆科技学院学报(自然科学版),2008(05):67 – 68.

[144]Cessna, S. G. Oxalic Acid, a Pathogenicity Factor for Sclerotinia sclerotiorum, Suppresses the Oxidative Burst of the Host Plant[J]. Te Plant cell, 2000,12(11):2191 – 2200.

[145]张耀伟,崔崇士,潘凯.几种酶在大白菜软腐病抗性机制中的作用研究[J].东北农业大学学报,2000(3):41 – 45.

[146]王文峰,张秀玲,司东霞,等.钾对大白菜软腐病发生及保护酶活性的影响[J].安徽农业科学,2017(33):47 – 49.

[147]张学昆,唐章林,谌利,等.脱乙酰化几丁质的乙酰化程度对诱导油菜抗性的影响[J].中国农业科学,2002,35(3):287 – 290.

[148]赵小虎,陈翠莲,焦春香,等.不同油菜品种对油菜菌核病敏感性差异的生理生化特性研究[J].华中农业大学学报,2006,25(5):488-492.

[149]林伟,牟中林,吴沿友,等.油菜抗羟脯氨酸突变体的筛选[J].华南师范大学学报(自然科学版),1998(3):16-19.

[150]吴晓丽,田晓莉,王郁锉,等.花椰菜幼苗抗黑腐病的生理机制研究[J].西北植物学报,2006,26(3):484-489.

[151]李赤,于莉,刘付东标,等.富贵竹中可溶性糖、蛋白质含量与细菌性茎腐病的关系[J].吉林农业大学学报,2007,29(6):620-622.

[152]Crawford D L,Lynch J M,Whipps J M,et al. Isolation and Characterization of Actinomycete Antagonists of a Fungal Root Pathogen[J]. Appl. environ. microbiol,1993,59(11):3899-3905.

[153]Petersen G R,Russo G M,Etten J L V. Identification of major proteins in sclerotia ofSclerotinia minorandSclerotinia trifoliorum [J]. Experimental Mycology,1982,6(3):268-273.

[154]Géraldine Vautard-Mey,Cotton P,Michel Fèvre. Expression and compartmentation of the glucose repressor CRE1 from the phytopathogenic fungus Sclerotinia sclerotiorum [J]. FEBS Journal,1999,266(1):252-259.

[155]Huang H C,Hoes J A. Penetration and infection of Sclerotinia sclerotiorum by Coniothyrium minitans[J]. Canadian Journal of Botany,2011,54(5-6):406-410.

[156]Huang H C,Kokko E G. Penetration of Hyphae of Sclerotinia sclerotiorum by Coniothyrium minitans Without the Formation of Appressoria[J]. Journal of Phytopathology,1988,123(2):133-139.

[157]谢春艳,宾金华.多酚氧化酶及其生理功能[J].生物学通报,1999(6):11-13.

[158]马俊彦,杨汝德,敖利刚.植物苯丙氨酸解氨酶的生物学研究进展[J].现代食品科技,2007,23(7):71-74.

[159]崔建东,李艳,牟德华.苯丙氨酸解氨酶(PAL)的研究进展[J].食品工业科技,2008(07):300-302.

[160]李保聚,李凤云.黄瓜不同抗性品种感染黑星病菌后过氧化物酶和多

酚氧化酶的变化[J].中国农业科学,1998,31(1):86-88.

[161]魏松江,刘文合.稻瘟病菌毒素对水稻愈伤组织防御酶系的诱导[J].
沈阳农业大学学报,2000,31(4):328-330.

[162]袁庆华,桂枝,张文淑.苜蓿抗感褐斑病品种内超氧化物歧化酶、过氧
化物酶和多酚氧化酶活性的比较[J].草业学报,2002(02):102-106.

[163]王宏梅,蒋选利,白春微,等.不同抗性小麦品种受白粉菌侵染前后
PPO、POD活性变化[J].种子,2009(04):17-20.

[164]李合生.植物生理生化实验原理和技术导[M].北京:高等教育出版
社,2000.

[165]刘萍,李明军.植物生理学实验技术[M].北京:科学出版社,2007.

[166]高俊凤.植物生理学实验技术[M].西安:世界图书出版公司,2000.

[167]杨家书,吴畏,吴友三.植物苯丙酸类代谢与小麦对白粉病抗性的关系
阴[J].植物病理学报,1986,16(8):169-173.

[168]田秀明,杜利锋.棉花对枯、黄萎病的抗性与过氧化物酶活性的关系
[J].植物病理学报,1991(2):94-381.

[169]杨艳芳,梁永超,娄运生,等.硅对小麦过氧化物酶、超氧化物歧化酶和
木质素的影响及与抗白粉病的关系[J].中国农业科学,2003,36(7):
813-817.

[170]徐朗莱,徐雍皋.过氧化物酶及其同工酶与小麦抗赤霉病性的关系
[J].植物病理学报,1991,21(4):285-290.

[171]高必达,吴畏,程晖,等.麦根腐长蠕孢毒素对小麦过氧化物酶活性和
同工酶的影响[J].湖南农学院学报,1992,18:136-143.

[172]李靖,利容千.黄瓜感染霜霉病菌叶片中一些酶活性的变化[J].植物
病理学报,1991,21(4):277-283.

[173]梁振宇.陕西苹果黑星菌的生物学特性及寄主的抗病机制研究[D].
咸阳:西北农林科技大学,2006.

[174]Baker C J,Orlandi E W. Active Oxygen in Plant Pathogenesis[J]. Annual
Review of Phytopathology,1995,33(1):299-321.

[175]Mehdy,M. C. Active Oxygen Species in Plant Defense against Pathogens.
[J]. Plant physiology,1994,105(2):467-472.

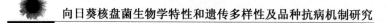
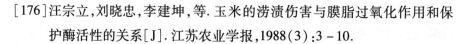
[176]汪宗立,刘晓忠,李建坤,等.玉米的涝渍伤害与膜脂过氧化作用和保护酶活性的关系[J].江苏农业学报,1988(3):3-10.